U0038126

THE FREEDOM FORMULA

聰明工作，讓你更自由

DAVID FINKEL

大衛・芬克爾——著　王瑞徽——譯

各界精英強力推薦！

如果你想在不犧牲個人生活的前提下，在工作和事業上獲取成功，本書每一頁都充滿寶貴的建言，勢必將成為一本禁得起時間考驗的經典！

——全球知名商業演說家／傑森・詹寧斯

不管你是困在工作過度的循環中，為時間管理傷腦筋，或只是沒時間放輕鬆，你都需要擺脫現狀。這本書將幫助你達成這點，同時提高你在工作時間內創造的價值，不讀本書將是你的一大損失！

——《思考致富》系列作者／葛雷・里德博士

終於出現了一本提供簡單、循序漸進機制，讓人能夠實際運用聰明工作法的商業書，要是二十年前我有這本書就好了！

——Priceline網站創始成員／傑夫・霍夫曼

如果你工作過度，壓力沉重，大衛給了你一種思考和行動的良方。本書充滿各種強大工具和一種升級模式，讓你從生活中得到更多成果、更多快樂。

——**全美製造商協會前主席／史蒂芬妮・哈克尼斯**

正如本書作者大衛・芬克爾無比專業地提醒我們，當你對工作充滿熱情，便很容易讓它吞噬你的生活，但這麼做只會傷害你。芬克爾重新調整事情輕重緩急的方法將幫助你充分利用時間，無論你是在辦公室裡或度假中。

——**創業操作系統（EOS）創建者／吉諾・威克曼**

《聰明工作，讓你更自由》破除了企業領導人為了追求專業成就，勢必得犧牲生活中的美好事物的迷思。你可以兩者兼得，而本書將會告訴你怎麼做。

——**ghSMART顧問公司主席兼創辦人／傑夫・斯馬特博士**

本書的開頭有如一部驚悚小說，大衛・芬克爾的新作在五花八門的商業書籍中異軍突起，以一種饒富閱讀趣味的方式揭示了強大的訊息。更棒的是，本書中的訊息已被驗證能產生可觀的成果！

——**Wisdom Harbour網站創辦人／安迪・安德魯斯**

不浮誇，不講廢話，不空談，只教你如何用更少的時間和精力，在工作中創造更多價值的扎實主張。

——**紐約時報暢銷作家／史蒂芬・普雷斯菲爾德**

替自己省掉一些血汗和眼淚，從一開始就跟隨大衛吧，好書！

——**BLT顧問服務公司執行長兼常務董事／羅伯・安格爾**

大衛・芬克爾為企業最佳實踐提供了明確而深刻的實用建議，大衛的高明之處在於能把抽象原則精煉為貼切易懂的有價值課程。

——**Inc.com網站執行編輯／蘿拉・洛柏**

引言
要拚不一定會贏，而是要拚得聰明

這是一個讓人感覺彷彿坐在雲朵中的聖地牙哥的陰霾夜晚。我獨自一人，沉浸在我家露台的熱水大浴池裡。泡在華氏一〇四度的水中，我想到，我在將近一年前買了這棟房子之後，這是我頭一次使用這個浴缸，儘管我當初買下這棟開鑿在螺旋山（Mt.Helix）山腰的貴賓住宅，主要就是為了這座浴池，以及它那往南俯瞰墨西哥、往西遠眺太平洋的絕美視野。這房子比我成長的老家足足大上一倍。我今年二十八歲，單身，經營一家成功的企業訓練公司。我賺到了連自己都意想不到的財富，照理說我應該很快樂，但是並沒有。

相反地，我累極了，虛脫又焦躁。我的生活包括每個月有兩週在外奔波、主持研習營、擔任產業會議的主講人，然後回到辦公室，追趕我那快速擴張中的公司的所有管理挑戰。而我呢，又習慣於微觀管理[1]（micromanage）。我沒有生活可言，因為不工作時的我老是疲累不堪。

我以為在一週八十小時馬不停蹄地開會、電話會議、問題排解、授課和撰寫

1 管理者對員工密切觀察與操控，使其達到管理者設定的工作目標。

一篇聯合專欄文章結束後，只要沉入熱氣騰騰的水中，應該會讓我壓力頓除。然而，我只覺得焦慮又孤單——一種被濃霧和房子沒有半個鄰居的偏遠地理位置強化了的孤立感。我呼吸急促，心臟怦怦狂跳。

就這樣了？我想著，我突然在冒泡、不停打轉的液體中一陣反胃。**我這輩子就這樣下去了？處理不完的企業難題，背負著那麼多人的生計，有那麼多辜負不得的客戶？**

感覺就像踩在跑步機上，有人——我自己——把它的速度越調越快，如果不繼續跑，讓自己待在上頭，就會從後面飛出去，**就這麼回事？**

當然，有錢很好，我比我父母掙的還要多，連我自己都沒想到會掙那麼多，但這不是我做這工作的初衷。我想做一樣重要、報酬豐厚的工作，能讓我堅持自己的生活方式並且全權做主的。可是到頭來，我只想要一樣東西，這樣東西正是當初激發我創業的一股最深沉的慾望，也是在最艱困的時刻驅使我繼續前進的一股力量。

我想要自由。

沒有別人來告訴我要做什麼、該怎麼做的自由；用我自己的方式做事的自由；不再讓別人的突發奇想或抉擇來決定我的未來的自由。還有——猛吞一下口水——時間的自由。我要我的事業為我效力，而不是我不斷苦幹來養活我的事業，然後被它困住。能擁有表面上的成功當然很好，但我發現我想要的不只是事業上的成功，我也想擁有一個家——讓我可以當家長的孩子——但如果我繼續這樣下去，到了四十出頭，我要嘛還是單身，要嘛已經離婚兩次。那首哈利・查賓（Harry Chapin）的歌在我腦中響起。你知道，就那首《搖籃裡的貓》，它的歌詞是這樣的：

但我還得趕搭飛機，還有一堆帳單要繳，
就在我離家時，他已學會走路了……

我想起我父親，身為一家小醫療診所的醫生，他必須每週三次、每三個週末一次在夜間出門看診。我想起他在停車場「觀賞」的那些足球賽，整場球賽他大部分時間都弓著身子，對著一支像鞋盒子大小的古早手機講電話，處理各種緊急情況。

當時，我當場下定決心，我要遠離壓力鍋，逃離長時間工作和種種需索。想要同時擁有成功事業和個人生活很過分嗎？我想工作，我喜歡我的工作。這工作很迷人，很令人滿足。我喜歡我為客戶和他們公司帶來的影響力。我很享受經濟上的報酬。但我不想讓工作像一團外星黏液一樣，吞噬掉我越來越多時間並主宰我的生活。

這決定讓我展開了一趟長達二十年的旅程，不斷尋找、試驗並綜合出發展企業、達成專業的較佳途徑。而這些年的努力成果便是你手中的這本書。《聰明工作，讓你更自由》是我二十年來所學的結晶，是關於如何創造、維持重大事業成功，又不會犧牲最起碼的家庭生活、幸福安康和其他能帶來個人滿足感的東西。這個方程式的基礎是我和成千上萬名公司領導人、專業人士、企業家和高階主管共事的直接經驗，他們和你一樣，渴望有一種簡單、全面而有組織的方法，來讓他們的團隊經常性地將最佳時間和心力投注在那些能夠為公司創造最大經濟價值的事情上，從而持續獲得最大收益。

讓我猜猜，看我是否對你和你的日常生活有一點了解。你每天醒來的第一件事、睡覺前的最後一件事，就是察看電郵。你度假時也不忘工作，經常在家庭聚餐時偷瞄一下手機，而且在參加孩子們的運動會或者出席親人的各種活動當中接聽商務電話。你工作到很晚，週末加班，經常把工作帶回家，因而錯過了與配偶、重要的人、孩子、親友共處的寶貴時光，為了那些需要你立即處理的業務期限或危機，而無法參加各種活動。現今科技的即時便利性已完全模糊了辦公室和個人生活的界限，把你和工作、雇主或業務的種種需求綁在一起，要求你每天二十四小時、全年無休地為同事、員工和客戶保持「開機」狀態。

如果你覺得我在描述你，你並不孤單，而且你知道每週工作四十小時實際上已經過時了。我們緩慢而穩定地，把大量個人時間花在了工作上。

《哈佛商業評論》最近一篇文章報導了由創意領導中心（Center for Creative Leadership）所作的一項國際性研究。該研究顯示，美國和三十六個其他國家的專業人士、高階主管和企業主目前的每週工作時數高達七十二小時。根據富國銀行／蓋洛普指數，當今的美國有五成七企業主每週工作六天，超過兩成的企業主每週工作七天。更別提休假！平均來看，能夠帶薪休假的美國雇員只休了五成四的假期，剩下四成六假期沒有使用。就算真的溜出去度假幾星期，多半也是邊休假邊工作。根據知名的 TripAdvisor 旅遊網站的一項民調，有七成七的美國人和四成澳洲、巴西、德國等已開發國家的人會在度假期間工作，儘管他們的家人有怨言。

幾乎像是你被迫在公司和生活之間作出選擇，為了工作和事業成就，不得不犧牲花在和家人共處、自身健康或自己身上的時間。工作已經接管、侵蝕了你的個人生活，讓你一直待在那台永不停歇的跑步機上。一方面，你想在工作或事業上獲得成就，因此長時間工作。然而，當你對工作越來越駕輕就熟，有時你會感覺壓力更大了，因為這時你的公司比以往更加依賴你的經常現身和生產來取得成功。感覺就好像你對自身能耐的期待隨著一天天越來越高，在過去，你只要增強「效率」就夠了。但是到了某個階段，你的效率已發揮到了極致，於是你採取臨時對策，在家工作或週末加班。但很快地，這種暫時性的權宜手段——原本不該是永久的——成了你的生活常態。

不管你從事的是公司經營、專業事務或者在大企業擔任要職都一樣，這種壓力和挫折是全球性的，我的客戶往往一開頭就對我說：

「我累垮了，也不知該從何說起。我幾乎整天忙著解決大小事，回應顧客的需求。想推動我的重大計畫，我就只能提早進辦公室，晚一點下班，並且趁著干擾比較少的週末到公司加班。」

「我生活中就只有工作。即使和家人在一起，我都忙著回覆工作上的電郵和簡訊。最慘的是，我的家人也漸漸習慣了。當我好不容易放下手機，他們竟然一副吃驚的樣子，好像我是突然出現的客人。」

「有時候我會想，要是我放棄事業，當別人的員工或者在組織中一路往上爬，情況應該會好得多，最起碼我晚上不會把那麼多壓力和緊張帶回家。」

「我很害怕，萬一我或者我的一個得力手下出了什麼事，我的部門就垮了。最低限度我也會落得必須負擔龐大工作量，再也看不見我的家人，直到我們找到替代人選並且讓他或她迅速上軌道。可是這得花上好幾個月！這讓我焦慮得不得了，我感覺像是走在蛋殼上。」

我們處在一個和過去世代截然不同的世界。高速網路的使用，幾乎涵蓋全球的連結性，加上各種強大的行動裝置，給了我們不久前難以想像的一定程度的地理靈活性。你可以從任何地方接觸你的檔案、同事和虛擬工作空間。相信你也體驗過它的黑暗面。模糊的界限，一種好像你必須隨時「開機」的感覺，一種持續不斷的害怕錯過什麼、落在人後的低度焦慮感催促著我們多工作、少享樂。這正是為什麼我和妻子那麼熱中家庭露營。似乎只有深入森林，才能斷絕一切連結。

我們都知道，這世界已不可能回到舊日的美好時光，姑且不談當時他們也有自己的挑戰。在當今的世界，高成就的專業人士面臨了一個重大挑戰，也是你每天都得面對的：如何擁有成功卓越、令人滿意的事業，而不會在過程中犧牲家庭、健康或個人生活？感覺像是一種二擇一的二元選擇，但其實不必然如此，你可以兩者兼得。

有一種簡單、具體、循序漸進的方程式，能幫助你用更少時間創造更多價值。你可以每週保持四十四小時——或更少的認真「開機」狀態，而仍然能兼顧生活中的其他重要領域。你可以用你想像不到的方式在大企業中往上爬、創造財富、擴大你的公司規模，而本書將告訴你該怎麼做。

本書將提供給你一套實際可行的解決方案，一個路線圖，幫助你重拾生活，再也不必犧牲那些對你而言至關重要的事物。這個經過驗證的四步驟方程式將幫助你和你的團隊將你們的最佳時間、才能和心力，投注在能為公司創造最大價值、最高回報的一些「少而精」的活動、企劃和策略上。

由於本方程式的核心部分提供了一個能讓你每年省下數百小時的可行架構，

你和你的員工將可以在創造突破性成果、享受豐碩專業成就的同時，擁有充實的個人生活。說得明白些，本方程式將要求你重新思考事情的輕重緩急、時間的運用和團隊重心。它將促使你重新想像日常工作的樣貌，同時掌握一種能讓你的時間和團隊發揮最大效力的更好方法的技巧。

我將不會在這裡分享理論。本方程式是我憑經驗發展出來的，是經過二十年實驗與精進，和成千上萬名企業領導人直接共事的成果。這些人已到達成功上限——你或許也正面臨同樣的處境——也到了一個階段，發現工作得更久、更努力不再是一種聰明而持久的策略，無法讓他們得到自己**真正**想要的東西。

在本書中，你將認識全球各地許多和你面對同樣挑戰與困境的企業領袖。你將認識一家成功醫療公司的營運長米雪，了解她如何和她那位精明但偶爾會衝過頭的執行長合作無間，讓公司聚焦在少數高價值、高回報的策略和措施的內幕故事。這不只帶來多年的高成長，更重要的，它讓米雪在過程中重拾內心的平衡。

你將認識加州企業家安妮，她在一場單車意外中受傷，需要幾個月時間才能康復。我將和你分享她在前五個月循序漸進為公司建立的戰略深度，這些做法不僅讓她的事業在她長久無法工作的期間免於陷入混亂，實際上還讓她的團隊展現出公司創建十五年當中最大的成長躍進。

還有馬文，亞特蘭大一家小型法律事務所的傑出資深合夥人，他運用本方程式縮減了十小時的每週工作時數，同時讓公司的年度獲利增加了八十萬元。

還有金融機構執行長鮑伯，他分享了一種簡單的體悟，這體悟讓他將一家處境艱困的銀行轉變為員工平均獲利為業界平均**十倍**、全球盈利最高的金融機構之一。

這些企業領導人，每一個都曾面臨和你一樣的挑戰，而他們採用了你即將在本書中發現的簡單明瞭的解決方案，因而獲得更大的事業成功，同時又能維持合理的個人工作量。一旦他們痛下決心——你也一樣——事情不能再這麼下去，並且付出精力作出改變，他們往往對這個解決方案的簡易和有效感到驚奇。一天天，一季季，他們落實這些小但明確無比的改變，來獲取重大的成果。

我並不是一開始就設計出精確的自由方程式。最初，我在黑暗中摸索，每年讀上百本商業書籍，拿我的時間、團隊和公司做各種實驗，努力想找出一個較佳的途徑來擴大公司規模，同時又能不犧牲別的東西。當我開始享有許多小小的成果，我和其他參加我們訓練計畫的公司領導人分享我的一些構想。早期，那幾乎是清一色年營業額低於兩千五百萬美元的小型公司。但是這個實驗室的測試和改善過程持續加速。當我的公司不斷成長，我們在市場上的聲譽與日俱增，我們開始和許多數十億規模企業的自主部門和重要領導人共事。我們協助許多企業主、公司主管甚至部門經理，這些客戶希望能找到讓公司成長而又不會讓他們的優秀手下累垮的辦法。這工作讓我們接觸了總市值超過五千億的公司企業。我要和你分享的方程式正是在這個實驗室中精煉出來的。

這個方程式的前提是，你拿薪酬不是因為你付出的時間，而是因為你創造的價值。為了創造價值，你的確需要時間，但你需要一種非常不一樣的時間，而不只是無差別的時數。並非所有工作時數都是平等產生的，你直覺地知道這點。你了解你的兩小時黃金時間——整合成一個不受干擾、專注於最高價值工作的時段——對你公司的價值遠遠超過花在處理電郵或者在各種企劃、會議和低水平事務之間來回奔忙的十、二十個小時。

我們協助客戶打破工作時數和所創造價值之間的直接、對等關係。他們變得很能體會這點，只要做對了，他們應該能期待自己最精華的一小時能產生相當於數百、數千小時平常工作量的價值。他們了解到，藉由運用真正有效能的方式將團隊的最大才能和心力投注在最高價值的活動上，他們便能享受不必受制於實際工作時數的巨大成長。其中包括一位業務副總經理，她幫助她的團隊建立了一個潛在客戶評分系統，來確保他們把最佳銷售力集中在最高價值的潛在客戶身上。還有一位產品負責人，他把幾位高級工程師集合起來，致力於改造並創造出一種最佳方案，來解決一個開發中的新軟體的艱難工程挑戰。在會議室裡充分利用的兩小時，抵得上個人數百小時的程式編寫。我的觀點是，儘管時間是創造價值的基本要素，但它們的重要性比不上（1）決定運用這些有限時數的方式，以及（2）把最佳時間凝聚成足以完成最高價值工作的完整時段。

架構和環境可以戰勝意志力和紀律。更確切地說，紀律可以贏得一次短跑，但環境和架構幾乎可以決定一場馬拉松的勝負。千萬別搞錯了，你在工作中的成功是一場馬拉松，不是短跑。為了在漫長的旅程中勝出，你必須為你的公司創造越來越多價值，而架構和環境是讓你自己和你的團隊走向成功的兩個基本要件。

因此，我不只要告訴你如何為公司創造更多價值，我還會一步步把達成這目標的所有技巧教給你。我會給你一個具體架構來規劃你的一週，讓你擁有許多扎實的不受干擾的黃金時段，可以用來做最高價值的工作。這才是你拿薪水要做的事，而不是拼湊工作時數。我將和你分享如何規劃工作流、體系和團隊的方法，讓你用更少的時間與努力完成更多工作。最重要的是，我將向你展現如何在業務系統、團隊和文化的堅實基礎上，持續維持你的獲益。明白地說，這個公式不是補救措施，也不是速成法。這是一張經過驗證的卓越地圖，可以讓你的整個團隊密切合作，把他們的精華時段投注在那些最有利於公司發展的事情上。在本書中，我將繞過理論，直接帶你認識那些在唯一重要的實驗室——市場中被證明有效的各種戰略和措施。

《聰明工作，讓你更自由》分為兩部。

第一部：通往自由的四步驟分享了可以持續不斷將你的團隊的最佳時間和心力導向最高價值活動的核心四步驟方程式。這種已被證實有效、由下而上，能讓你的團隊人才發揮最大作用的方法給了你一個架構，即使在緊迫的工作期限、雪片般的電郵以及來自當前這個永不歇止的世界的無數警告和干擾的無情壓力下，仍然能有效運作。

你將很快了解到哪些具體做法可以創造最大價值，更重要的，如何規劃你的一週時間，讓架構和環境幫助你每週省下五小時或更多最佳時間，並且把它們重新投注到最高價值的活動上。你將了解湯姆・桑蒂利是如何做到這一點。他在七年內把自己的電子商務公司規模擴大四倍，同時將每週工作時數從八十小時縮減到二十小時以下（湯姆的故事出現在第一章「步驟一：擁抱價值經濟」）。你將深入了解如何界定公司、部門或團隊的最佳焦點領域，並將這些戰略性決策精簡為每九十天一頁的行動計畫（見第三章，投資在少而精）。這種積極主動的模式幫助奈特・安格林在短短一年半內將他的航太公司的淨收益翻了一倍。第四章「發展戰略深度」，詳細描述如何在與公司內部的熵[2]以及安於現狀的反動力量對抗的同時保持你的獲益，以便享受各種最佳措施所產生的綜合效果。你將了解如何維護你的團隊，免於重要人才的流失，以及為什麼你為公司建立戰略深度所能做的最重要的一件事，也許就只是好好休個假。

第二部：五個自由加速器以四步驟方程式作為基礎，提供能**加快**你獲得成果的五個強大加速器。這些加速器能幫助你督促你的團隊一起踏上這段旅程，讓你前進得更快速、更持久。主題包括如何增進你的主要團隊的能力、訓練領導成員建立深度並發揮更大的自主性。你將發現，用心打造公司文化在幫助團隊接受你的最佳實務和重要篩檢器，進而自動作出更好決策這上頭所起的重大作用。你將了解如何運用更好的規劃來維持這項工作，並且和不可避免的熵對抗，因為熵恐怕會分散甚至毀了你按照方程式所獲致的成果。

我記得幾年前我們合作過的一位叫泰倫斯的企業主。他在猶他州南部經營季節性的旅遊招待業務。每年從五到十月的六個月期間，他都會努力讓自己撐過去。剩下的月份，他「只」要每週工作五十到六十個小時，但是一到五月，他的工作時數便一下子增加到每天十二到十四小時，每週七天。這在體力上已夠讓他吃不消了，在情感上卻讓他更加折騰：

「每天，我總在孩子們還沒醒來就起床出門，」泰倫斯說：「等我晚上九點、十點，回到家，他們已經睡著了。這就是我每年在這六個月旺季當中的生活。我感覺自己彷彿錯過了孩子們的童年。」

四年前當我們開始指導泰倫斯，而他把他的故事告訴我時，我的心都碎了。我自己是三個兒子的父親，我親身體驗過他們的童年消失得有多快。在孩子的生命中，有許多個人的里程碑是再也無法倒帶重來的。我還記得，每次和我的兩個大兒子走在一起，他們伸出小手來牽我的手的感覺——走進店裡，走在小路上，

2 熵（entropy），是熱力學中度量熱能不做功的物理量，常指一個系統的混亂程度。

甚至下樓去吃早餐的途中。對我來說，那是為人父最美好的事情之一，他們的小手放在我手上的感覺。然後，在他們大約八歲大的時候，那天終於來了，他們不再過來牽我的手。光想到這個我就想哭。當然，這很正常而且健康——他們長大了，但我好懷念。

因此，當泰倫斯告訴我多年來他是如何犧牲棒球賽、家人共餐以及和四個孩子的睡前故事時間，來盡自己的事業責任，我十分同情他。不過，他的故事有個不錯的結尾。在實施了一年半你即將在本書第一部學到的方程式之後，泰倫斯重新找回了他的大部分人生。我記得在我們的一場季企業研習會上，我和他進行了一次私人談話，當時他分享了這個方程式帶給他和他家人的影響：

「我終於開始省思我投入的許多工作時數。輔導員督促我弄清楚我所做的哪些事可以真正為我的公司創造最高價值，同時設法有計畫、有效地把一些其他的職責交給手下。一開始很可怕，但我們一步步去做了。當我發現工作順利完成，而我的手下也很珍惜我對他們的信任，我便放膽繼續實行這個方程式了。」

就在這時，當泰倫斯開始為他的公司做一頁式的季行動計畫表，並且增進他的團隊的戰略深度——這兩者你都可以在本書第一部找到具體實行辦法，而他取得了重大突破。

「經過十八個月的努力，我終於把我的夏季每週工作時數縮減了二十小時，我和我的家人也總算共度了我們第一次的夏天假期——這時孩子們剛好放暑假。太神奇了，我感覺我又找回了人生。」

——大衛・芬克爾
茂宜企畫顧問公司執行長

和泰倫斯一樣，你可以從根本上改變你組織每天、每週、每季的事業環境的方式，來獲得難以想像的專業成就，享受更豐富的個人生活甚至一輩子的成功。但要警惕的是，改變必然會引起反彈，無論是內在或外在。舊的做法和行為模式會負隅頑抗，並且展開防衛行動，來阻擋任何變化——不管是好是壞。所以，如果你發現自己在和我分享的東西爭論或纏鬥，這是正常的，也是意料中的事。事實上，這是一種成長的跡象，表示你正在超越已經不適合你的老方法。我的最佳輔導建議是，在你把一些具體步驟應用在整個公司、部門或團隊之前，先在你個人的工作日中試用一下這個方程式，讓這些構想向**你**證明它們的價值。沒錯，本方程式對泰倫斯很有效。沒錯，它對我和我的公司很有效。沒錯，它對全世界數千名企業領導人——你將在本書中認識其中一部分——很有效。但就從你開始吧，你可以親自證明。當你運用自由方程式來重拾你的時間和人生，你會讚嘆再也沒有更棒的方法了。

PART ONE

通往自由的4步驟

第 1 章

步驟一：擁抱價值經濟

我要邀請你到芬克爾家來過一晚。當你走進我們寧靜祥和的家，我在門口迎接你，領著你來到我們乾淨、擺設得完美無瑕的餐桌前。我的孩子們靜靜坐著，餐巾放在膝蓋上，耐心等著輪到自己分享一天的活動。他們恭敬地傾聽兄弟們分享的事物，然後問一些有見地、探索性的問題，明顯表達出他們有多麼關心彼此！這是夢幻之地——不！這是奇幻仙境。

你走進來，最先注意到的是噪音。老天，好吵。三個小男孩怎會吵成這樣？你看見我妻子告訴我週末我們得去參加一個童子軍活動，小兒子喬許嬉鬧地拿喜瑞爾玉米片往我頭上丟，試圖引起我的注意。大兒子亞當大喊：「聽我說！」他的雙胞胎兄弟馬修一邊戳我，一邊把他的 iPad 推到我臉上，巴望著在一片混亂和混沌中，我能反射性地輸入個人識別密碼，讓他有額外的螢幕使用時間玩創世神（Minecraft）遊戲。

啊，甜蜜的家。沒完沒了的喧鬧混亂、騷動和干擾。如果你也有過一屋子小孩，那麼你應該了解我的意思。我絕不會用我那一團亂的家來交換世上的任何東西，但有時候我真的很難找到喘息和**思考**的時間。

你已經猜到我的意思了。等待家人自發地表現出自制、耐心和冷靜傾聽技巧的策略，是注定要失敗的。在你公司裡也一樣，被動地等待一波請求、大小問題和任務結束，讓你可以神奇地得到些許時間、空間和寧靜，去擬定那些積壓了好幾週的重要企劃的對策……同樣是一種奢想。在海洋中，一波過去還有另一波，接著又有另一波，永無止盡；同樣地，在你的公司裡，一波緊急的請求結束後也會有另一波，一波接一波，沒完沒了。除非你採納我所說的「價值經濟」（Value Economy），並作出不同選擇，否則明天肯定和今天一樣緊張忙碌。如果你想創造一個空間來完成你最重要的企劃，你就得**積極地**去促成它。

在我的家庭生活中，我了解到每個週末我會需要幾小時自己的時間，出去健行，或者看書，或者只是靜靜聽音樂、思考。在你的公司裡，你也需要結構性地創造一個不受干擾的時段。價值這東西需要一些時間來匯集想法，集中力量。**唯有積極投入能量來為你的一週帶來秩序和組織，才可能馴服熵的反作用力。**

可是你說，他們在等我「挪出時間來參加開會」、「回答問題」或者「交報告」。如果你不能每週騰出二、四或六小時來安排幾個一到三小時的時段，以便去做你拿薪水真正需要做的高價值工作，那麼所有一切回應請求、處理收件匣的奔波忙碌都只是枉然。或者，就像莎士比亞說的，「熱熱鬧鬧，終究一場空。」（Full of sound and fury, [but] signifying nothing.）這正是佛羅里達一家知名電子科技產品批發公司執行長湯姆・桑蒂利的親身經歷。

湯姆一手創立了 xByte Technologies 公司，但是創業多年，他每週八十小時的工作——忙著滅火、處理電郵和不斷被干擾——變得越來越難以承受。他家中有兩個難得見上一面的孩子，他感覺自己在事業需求以及陪伴心愛家人兩者之間左右為難。

不只湯姆累了，他的妻子李也一樣。她受夠了湯姆老是錯過家庭聚餐，沒能更常參與家庭活動，也不忍繼續看著湯姆的長時間工作影響他的健康。她常聽湯姆說：「家庭是我生命中最重要的一部分。」但他做的卻是另一回事：長時間工作，錯過家庭共餐，以及帶回家來的工作壓力。

這些道理湯姆都懂。在他內心，他知道他得想個辦法來擺脫每天經營事業帶來的巨大壓力，但他不知道**方法**。一邊是必須長時間工作來維持動力和成功的事業需求，一邊是照顧家人和他自己的個人需求，他在兩者之間分身乏術。湯姆就像我多年來認識的許多企業領導人，被他們的事業責任束縛，被自己先前的成功困住。就像神話中的巨人亞特拉斯，肩上扛著一個小小地球的重量。他們扛著公司的希望和承諾往前走，在許多方面感覺他們冷落了家人和自己。他們的做法在事業領域中似乎行得通。畢竟，截至目前它已經產生相當出色的成果，儘管午夜夢迴時，他們會意識到，這只是他們人生抱負的一部分。可是他們不敢停止打拚，因為他們不知道有什麼別的辦法可以確保事業不會整個垮掉。他們夢想能有個辦法讓他們享受事業成功，同時又不會犧牲生活的其他層面。對湯姆來說，對許多人來說，實在看不出該**怎麼**做才好。

就湯姆的例子，最後催促他尋求解決辦法的是他的妻子。李上網搜索可能的解決方案，找到了我的企業訓練公司。她的丈夫很聰明，也很投入，但是他對自己和他的員工經營企業的方式相當執著。李知道一定有更好的辦法。因此，在二〇〇七年，她替湯姆報名參加了我們的課程。今天，湯姆說：

「她知道我有多小氣，因此當我得知她已經付了課程費用，而且是不能退費的，我覺得我非參加不可。很高興我參加了，因為這開啟了我經營公司的重大變革。我知道一開始我並不是最敏銳的學生，但是漸漸地，關於如何妥善經營公司的知識對我起了巨大影響。回想起來，我不敢相信以前竟然會用那種方式管理公司。我做了太多不該由我來做的事。都是我的錯，怪不得別人。當時我懂的太有限了。」

湯姆學到的一件事是，他每週的許多工作時數不僅沒有創造多少價值，而且是減緩事業發展的一個關鍵因素。他了解到他為公司所做的三件事創造了最大價值——其他任何事都遠遠比不上。首先，他確保自己的採購團隊購買優良產品——能迅速銷售出去而且預期利潤豐厚的產品。第二，他密切關注他的線上和電話銷售團隊所作出的重點定價決策，以免他們無意中把採購團隊努力建立起來的利潤白白送人。第三，他作高層次的戰略決策，例如重要的人員招聘和資本投資。當然，他為公司做的不止這些。他仔細監督他的營運團隊，以確保發貨準時；還有品管團隊負責為公司出售的二手電腦伺服器和組件進行抽樣測試。而且他也非常關注公司的財務狀況。但是，當他把自己的角色放在陽光下檢視，他了解到，他作出最高價值貢獻的三個地方是：確保正確採購、合理定價，以及作出穩當的高層次戰略決策。其他的都只是小菜一碟。在我們合作當中，他很快便發現，他之前所花的時間有一大部分——**每週五十小時以上**基本上是做白工：

「在輔導過程中，我很快就發現，我的大部分工作時間對公司的貢獻微乎其微。我只是覺得我必須多做點事，或者親自監督它們完成。回頭想想，我了解到，那主要是為了滿足控制慾，跟如何讓我的時間得到合理回報無關。」

也許你的狀況和當年的湯姆一樣。你有能力，有責任感，而且從事業成功的標準來看，你的成就十分出色。但你已經到了事業生涯的一個階段，你意識到必須找個更好的方法，而不是花更多時間埋頭苦幹，困在永不停歇的成長跑步機上。

你想成功領導你的公司、小組、部門或團隊，但你不想再為此犧牲工作之外的一切。你已經在事業成功的聖壇上供奉了太多，一些你再也拿不回來的東西，例如和家人共處的時間，或者因為忙於工作而不得不結束的關係。

事情是這樣的，認為你需要長時間工作才能取得事業成功是一種謬論。其實，你目前的許多工作時間實際上對公司的長期成功是有害的，因為那會降低公司的穩定性和可擴展性，讓它對你更加依賴。更長的工時不必然會帶來更好、更強大的事業。既然你已經發展出一套創造高價值的核心技能，你真正需要做的是：更有策略性地工作。

也許你為了事業成功而犧牲一切的做法，其實是一種事業運作的過時模式？一種你從來不曾有意識地質疑，而只是被動地被文化神話和制約作用塞進腦子的模式？也許有一種影子經濟，和我們目前身處其中的經濟模式同時運作著？**也許這個影子經濟才是事業成功寶座背後的真正力量？**

兩種經濟模式

一直以來你被教導，成功之道無他，唯努力工作而已。你已被灌輸了以下的文化模因（cultural memes）：

- 勤奮工作。
- 成功來自於比對手更努力。
- 只要你努力爭取，就可以擁有任何你想要的東西。
- 早起的鳥兒有蟲吃。

- 勞力平等。
- 如果你想把事情辦好，就親自去做。
- 如果你決心要成功，就必須投入時間。

我把這種世界模式稱作「時間與努力經濟」（Time and Effort Economy）。在這個模式中，你獲得成就的方式是更加努力工作。想加速成功？投入更多時間。還是不夠？利用晚上和週末接聽業務電話，或者回覆工作簡訊和電郵。度假？當然，只要別忘了帶手機、平板電腦或筆電，以便和辦公室保持聯繫。

在時間與努力的經濟中，一個人拿薪水是因為他付出的時間、努力以及工作態度。它是充滿血汗和犧牲的埋頭苦幹的世界。如果時間與努力經濟是一部好萊塢電影，那麼代表人物肯定非洛基莫屬，他被打得鼻青臉腫，仍然不斷揮拳，決心一路撐到第十五回合終點。

「洛基是吧，」你說：「我可以接受。」畢竟，最後他成了世界重量級拳王。首先，要記住那是一九七〇年代的好萊塢，不是現實世界。即使這是真的，相對於每一個通過毅力、血汗和勇氣登上頂峰的洛基，還有成千上萬的人在一個精采的開頭之後就被擊倒了。而且，難道我們看不出，想追求事業成功必定有更好的方法，而不只是年復一年、月復一月忍受那些辛苦的工作時數？

本章的標題取自一種更好、更有效的事業成功模式：價值經濟。在價值經濟中，你透過為公司創造價值來取得成功。你需要時間來創造價值，不過是一種很**不一樣**的時間。你需要利用一些不受干擾的最佳時段，來戰略性地投注在可以為公司創造最大價值的事情上。低價值電郵和第三方請求？你當然可以處理，但必須等到你把一週中最好的時間投入那些最高價值的創造力活動之後。**低價值事務只能佔用你的零碎時間，而不是你的黃金時間。**

簡單地說：兩種模式都無所謂對錯，它們只是我們所創造的關於事業如何運作的秘而不宣的構想。與其問：「這個模式是對的嗎？」還不如問：「這種模式能為我帶來多少我想要的結果？」你選擇的模式是一種篩選工具，過濾你從這個世界接納、隔絕、輸入的東西。你的模式是決定你如何詮釋、組織萬物並且賦予它意義的最大力量之一。你的模式，不管對或錯，都會成為一種調節過濾器，介入你在這世上所遭逢的一切事物。你的模式——你的腦子創造出來的一種游絲般的東西——足以改變你在某個生活領域中的一切信念和行動。

舉個例子。我十三歲開始打草地曲棍球。幾年後，發展球探看好我的潛力，推薦我去參加美國十八歲以下和二十一歲以下國家隊的比賽。對我來說，那是夢寐以求的機會。當時我十五歲，每週四天在加州西米谷市的穆爾帕克學院和高級國家代表隊一起受訓。我剛經歷了第一次青春期成長，在不到十八個月的期間，從五呎四吋長高到五呎十吋。我又瘦又笨拙，體重一百四十六磅，比較像一隻還沒發育完全的小狗，而不像一個優秀的運動員。

每週三天，在兩小時的練習結束後，我們會去跑道上進行包括四百米衝刺在內的間歇短跑訓練，來提高我們的乳酸閾值門檻。我被一群和我一起受訓的老經驗球員擠到了隊伍的後面。他們都是二十出頭到二十五、六歲、正值體能巔峰的成年男子。所有隊員都在規定的七十秒以內越過終點線，除了我。「七十八……七十九……八十……八十一……芬克爾終於到了。」當我吊車尾越過終點線，我的教練會充滿嫌惡地喊道。在分配的三分三十秒休息時間過後，我們會列隊，準備再衝刺一次，然後我依舊會比所有人慢個十到十五秒到達。就這樣過了幾年，如果我因此養成一種觀念，覺得自己比其他訓練夥伴遲緩，又有什麼好奇怪的？

我還記得一切起了變化的那一天。那是一個炎熱大晴天的下午四點半。我們剛完成一次例行的兩小時練習，我們走到體育場跑道上進行體能訓練。當時我十七歲，已經和高級國家代表隊一起受訓整整兩年。那天，不知什麼原因，在起跑線上，我的教練里克大喊，要我排到隊伍的前面，而不是後面，我自然而然靠邊站，準備讓路給其他比我跑得更快的人。

哨子響起，我起跑，這次跑在一夥人前面。我仍然記得當我衝過跑道的第一個轉彎時的呼吸感和模式，我盡可能迅速揮動手臂，兩手和頸子放鬆，一路領先。在直線跑道上，我把步伐拉長，再次感覺我的呼吸找到了節奏。彷彿作夢一般，我通過最後一個轉彎，朝著站在終點的教練直奔過去。他站在那裡用碼錶計時：「六十三……六十四……六十五……六十六！」我和最快的一組一起抵達，在二十名運動員中以六十六秒的速度名列第三，我驚奇又得意，這怎麼可能呢？

在規定的休息時間，我們先慢跑然後步行，然後列隊準備進行第二次間歇短跑訓練，這次六十七秒，接著是第三次四百米短跑，六十六秒。第四次，還是六十六秒。

從那天起，我的世界起了變化，不知怎地，我打破了自己向來抱持的狹隘觀點。任何一個田徑專家都會告訴你，一個運動員的四百米間歇短跑時間不可能在一天之內，從八十一、八十二秒一下子縮短為六十六、六十七秒。你不可能在一天內減少整整十五秒。可是事情確實就是這樣。回想起來，我了解這其實意謂著，幾個月來，我內心一直知道自己可以跑得更快，但我的自我模式和我的能耐讓我退縮。我終於完全長大了，那時我身高六呎，體重一七〇磅，但在那天以前，我一直因為自己過去的形象而畏縮不前。

那天到底是什麼起了變化？充其量不過是我對自身能力的信念——我為自身能力設下的模式。同樣地，當我意識到每週工作八十小時並不是成功秘訣，我經歷了事業生涯的一次強而有力的突破，透過持續把我的最佳時間和心力投注在最高價值的活動上，我可以產生以往想都不敢想的成果。獨自一人這麼做了幾年之後，我了解了在同樣的前提下經營公司的力量，將團隊的最佳時間、才能和心力投注在公司最有價值的企劃和機會上。就像當年做衝刺訓練的經驗，我看到了一種「不可能」的大躍進。

我開始向我的企業培訓客戶教授這個方程式的早期版本，而他們的成果顯示，將個人和團隊的最佳時間和心力投注在一些價值最高的機會和行動上的做法，的確具有普遍的可行性和影響力。我目睹客戶的公司更快速地成長，利潤大幅增加，而它們的主要領導人也能支配自己的工作時數，好好休假——對他們當中的許多人來說，這原本是他們放棄多年的東西。

對我的方程式實驗衝擊最大的是在有了孩子之後。二〇〇九年，當我的兒子亞當和馬修出生，我已經用這方程式實驗超過十年。當壓力來了，我的公司需要我搭飛機去主持另一個大型會議，或者為了完成一本新書而一整季沒日沒夜地工作，我會去做。可是當我第一次把我的雙胞胎兒子抱在懷裡，感受到一股難以抗拒的複雜情緒，我覺得我再也無法工作這麼久了。他們的到來讓我的時間運用有了全新的局限性。就像太空人仔細計算氧氣、燃料和水的理想消耗量，我開始重新擬定計畫，以便把有限的工作時間、心力和商旅天數作最充分的利用。

本書是我把奉行多年的模式化程序一口氣完整地呈現出來的最佳嘗試。你持續成長的基礎不是苦幹。它不需要長時間工作，也不需要經常在晚上和週末加班。事實上，它堅持的正好相反。我知道這是時間與努力經濟的異端，但我親眼目睹了它的影響力——對我，以及對那些採行這方程式的客戶的生活。

今天我經營兩家極為成功的公司，並且終止了每週工作四十小時的生活。我在傍晚五點半回家晚餐——最好是，因為我是家裡負責掌廚的。我每週運動六天，每年至少有十週真正的假期。這一切的開端是我決定脫離時間與努力經濟，完全投入價值經濟。這是一個你必須作出的決定，而這決定極有希望改變**一切**。

時間與努力經濟：要是老闆看到我不忙，她會生氣的。

價值經濟：要是老闆看見我工作毫無成果，她會生氣的。

時間與努力經濟：要是我不一直察看收件匣和應用程式，我可能會錯過重要的東西。

價值經濟：如果我不斷察看收件匣和應用程式而影響了我最重要的工作，我將無法為我們的公司貢獻出最高價值。

時間與努力經濟：要成為一個好的、有責任感的團隊成員，我必須在晚上和週末回應工作請求，就算為了接聽電話或回覆電郵而打斷和家人共處的時間也一樣。

價值經濟：要成為一個好的、有責任感的團隊成員，我必須勇於挺身維護一種堅持成果的公司文化，而不只是沒頭沒腦地忙碌。當我擁有豐富充實的家庭生活，我會有最好的工作表現，也會在團隊中待得更久。

時間與努力經濟：我設定了電郵和應用程式的推播通知功能。畢竟，這種模式說，要反應靈敏，讓人找得到你。

價值經濟：我聰明地使用篩檢器和更好的設計，來不斷省下一些不受打擾的最佳時段。畢竟，這種模式說，想要有效率，你必須把黃金時間花在為公司創造最有價值的工作上。

時間與努力經濟：要努力工作，讓自己成為要角。只要沒人能替代你，你就永遠有工作。

價值經濟：當你聰明地工作，創造巨大價值，尤其當你建立了即使你不在工作位子上，也能夠把價值向前推進並且維護所有獲益的組織、團隊和文化，你將擁有真正的經濟保障。你將變得極有價值，讓你的公司甚至競爭對手，願意為了你有能力提供更多、更持久的成果，付給你豐厚的待遇。

你可以看出兩種經濟模式看待世界、推動你日復一日持續運作的方式有多麼不同。單純地努力打拚的大部分收益屬於增量收益。你多投入一小時工作，你就多獲得一小時經濟價值。在多數情況下，這是一種線性關係：多 x 單元進，多 x 單元出。而且，這類收益是有上限的：一天和一週就只有那麼多個小時。事實上，那些生活在時間與努力經濟中的苦幹者往往會到達一個額外工作時間帶來的回報逐漸降低的階段。過了這個疲憊或工作倦怠的門檻之後，存在著一種降級的關係，每多工作一小時，只能得到一小部分價值。隨著他們試圖用更多工作時數強力獲取更多收益，這種衰減率也不斷增大。把最佳時間投入影響力最大的目標，而不是花更多時間回覆電郵、簡訊，或者處理那些塞滿你的工作日的來自第三方的低價值請求，意謂著每多工作一小時，都將產生放大的回報：十倍……一百倍……一千倍或更多。

史蒂芬妮是加州聖克魯斯一家醫療製造承包公司執行長。早期，在她接管公司之前，他們只是在一九八〇年代後期力求生存的毫無特色的商品市場參與者，在大群競爭對手環伺之中苟延殘喘，尤其是那些來自勞力低廉、幾乎沒有環保法規的海外公司。

史蒂芬妮了解到，為了生存，她需要找到讓公司為客戶創造更多價值的利基。她把第一個大戰略轉向消費電子產品的塑膠零件，生產 iPod 等早期蘋果產品的元件。為了在這個領域展開競爭，她知道他們需要一個海外生產設施，用足以吸引對價格敏感的消費者的成本，來提供能夠符合立基於美國的製造需求的速度和質量。這個措施為她的公司帶來好幾年的榮景。她把最佳時間花在吸引大客戶、作出重要戰略性決策、建立一個能夠讓日常營運工作流暢、自主地推動的領導團隊。

到了一九九〇年代中期，她將公司從商品塑膠零件轉向和一些需要技術密集解決方案的電子供應商合作。這個決定帶來更高利潤。但是到了將公司轉售的最後階段，史蒂芬妮把她的最佳時間花在仔細思考如何為公司定位，以便擁有最大、最成功的退場：

「我了解到，為了獲得最大的出售價格，我們必須在兩件事的十字路口尋求公司定位：市場的主要趨勢，以及我們能夠憑著優勢有效地競爭的多重生產製造業的最大利基。」

史蒂芬妮為她的公司——坐落在聖克魯斯丘陵地帶，靠近矽谷這個創新溫床——想出的解決方案是轉向醫療器材製造。她利用他們在國內為蘋果、英代爾等要求嚴格的客戶製造零件而發展出來的精密製造實力和經營卓越性，結合他們的地理優勢，以及和革新的初創公司、創投企業和致力於醫療研究的教學機構之間的豐富聯繫網絡。挑戰來了：他們從來沒製造過醫療器材。於是史蒂芬妮的公司投資在醫生、工程師、設計者和裝配廠上。他們購入了新的資本設備，引入他們在這領域成功所需的專業法規顧問。

他們花了五年重新規劃工廠，雇用人才，組織一支凝聚力強的團隊。投資帶來了創紀錄的成長和獲利力。最後，他們成為業界炙手可熱的廠商之一。

「我們開始在潔淨室的條件下製造手術刀組和工具。我們嚴格密封產品包裝，並且加以消毒，下次它被打開來，將是在世上某個手術室裡，由手術小組操作。知道我們的產品先進、質佳而且能救人，真是令人振奮、飄飄然。如果你是一家醫療器材初創公司，一定聽過我們在那些有著製造塑膠器材困難的醫療器材初創公司之間擁有極佳聲譽，是他們的優先選擇廠商。我們的製造總管杰克和他的團隊很喜歡和這些充滿活力的公司合作，切磋技術難題。這對我們的人才和其他實力的養成起了作用。」

的確起了作用。該公司不斷壯大，成為誘人的收購目標，數十億規模的企業競相收購該公司。最後，史蒂芬妮著重價值而非一味打拚的做法，讓她得以把公司的出售價格提高到一般塑膠射出成型廠商所能要求的十倍。

如果你不是經營大公司或部門呢？如果你是自營專業人士或者小型服務業者？如果你想知道這個方程式如何應用在你身上，不妨看看馬文的例子。他是喬治亞州亞特蘭大一家只有三名律師的法律事務所的經營合夥人。

入行三十年的馬文是一位優秀律師，他的客戶甘願接受他每小時六百元的收費率，知道他是社區裡最好的商業律師之一。三年前，當我剛開始和他以及他的公司合作，他為了這個「價值經濟」的東西和我爭論了半天。他說：「大衛，我只想找個方法，可以讓工作繼續上門。我沒時間每兩週上一次輔導課程。每次輔導課程都會讓我損失兩筆錢，一筆是課程本身的費用，另一筆是我不得不放棄的一小時律師費。」

你也許會奇怪，馬文帶著這種態度，為何還會加入課程。其實他說這些話的同時，他內心有一部分也意識到，他工作太繁重了。他每週做七十小時的收費諮詢，平均每週工作八十小時或更多。他每週六和大部分週日都得工作。他對這樣的想法很感興趣：他可以減少工作，掙同樣多的收入，同時擁有更多經營公司的樂趣。這就是為什麼他毅然加入了課程，但現在他又猶豫起來了。

我說服他，先參加課程十二個月，到時再看情況如何。開始合作之後，我們首先關注的領域之一是他公司的定價、計費和收款作業，因為這永遠是事半功倍、可以對專業服務公司產生立即影響的地方。

在頭兩個月的課程中，我引領馬文作出幾個重大決定，我們也讓他的最高行政主管參加大部分的討論，以便執行我們在討論當中作出的決定。結果證明，儘管馬文每小時六百元的客戶服務報酬非常有利可圖，但這並非他最有利的時間運用。實際上，當他把自己定位為一個造雨人，一個為公司帶來新業務的法律事務磁鐵，他賺的錢更多。這些新業務可以分配給同事、律師助理，法律秘書，每小時收費一九五到三五〇美元。這對客戶是好事，因為可以為他們省錢，而且對公司也更有利，因為這種分攤工作的做法利潤相當高。而且，透過建立更好的業務系統來控制質量、提高效率，分攤工作讓他的公司可以在不增加員工人數的情況下多承擔三成的工作。在外人看來，這做法算是全壘打。

我還記得，十個月後的一天，馬文來找我，說他要退出課程。他沒辦法繼續參加每個月兩小時的一對一輔導，他需要拿這段時間來做收費工作。我努力板起臉來，對他說：「在你作最後決定之前，請你的會計師統計一下，讓我們清楚了解你來上課前後的收益狀況，好讓你能作出最好的決定。」他同意了。

分析報告出來時，我們發現，馬文的公司增加了八十五萬**利潤**，是淨利，不是營業收益。更重要的是，馬文的帳單記錄顯示，在公司增加近百萬獲利的同時，他的每週工作時間減少了十小時。這怎麼可能？道理其實很簡單：我了解到，對大多數專業人士來說，最高價值的工作很少是用來做「可計費」的活動。可計費的活動——即使是按馬文的鐘點收費率——確實很有價值，但不是最高價值。我需要花點時間說服馬文，對他來說，一個月花幾小時作一些重大的戰略決策——像是如何戰略性地分攤工作，同時控制品質、提高收費率，以及制定收款準則等——實際上比他每個月花同樣的時數去做收費工作，要高出百倍的價值。不用說，他至今仍然是我的客戶。

情況就是如此：我們所有人都生活在價值經濟中……遲早。到頭來，所有公司都會根據貢獻度來判斷團隊成員的影響力和價值，用財務和非財務兩種方式來獎勵高手中的高手。就算他們不這麼做，其他公司也會。商業市場的面貌千百種，但絕不包括愚蠢。

這就是為什麼自由方程式的第一步是要求你接納價值經濟。我們必須從這裡開始，因為，就像我一開始進行四百米短跑時，總是站在後面，以便讓路給那些速度更快、肌肉發達的運動員，阻礙你衝刺得更快、重拾正常生活的第一件事是你的心智模式。

凱斯・安德森是我輔導的企業主之一。他經營「探路者」廣告招牌公司，一家製作過上萬個戶外廣告看板的數百萬元規模的成功企業。我剛把方程式介紹給他的那陣子，他每天早上四點起床，接聽外務小組的電話，確保萬一他們當天要安裝的大型招牌有任何問題，他可以親自解決。雖然為了避開交通尖峰時段，外務小組必須提前出發去進行安裝工作，但為什麼凱斯也非這麼做不可呢？

「我妻子曾經問我，為何不把問題交給我的團隊去處理，」凱斯坦承：「我不想告訴她，我甚至不想對自己承認，我喜歡凌晨四點通電話給我的那種掌控全局的感覺。或者說得更明白些，我討厭讓別人監督外務小組將會帶來的那種失去控制權的感覺。」

打破時間與努力的五道枷鎖

在第四章「發展戰略深度」中，我將和你分享凱斯如何擺脫那些凌晨四點的電話，並且在沒有增雇員工的情況下，把生產力提高了兩成五。但現在我想問你幾個直白的問題：你的控制慾是否導致你對自己的團隊進行微管理，讓你無法提高他們在你的事業中「佔有」更多職務領域的能力？如果你對自己夠誠實，難道你不承認，你之所以遲遲不肯授權給你的團隊成員，起碼有一小部分原因是，你討厭失去控制權的感覺，而且被人需要讓你得到了某種快感？你是否建立了一個過於依賴一、兩個關鍵成員的才華、專業和人際關係的脆弱團隊？

根據我的經驗，有五個枷鎖可能會把你困在時間與努力經濟當中。當你穿透環境和文化的表層，會發現這幾個枷鎖才是讓全球數百萬聰明、有才華的企業主陷入困境的真正根源。這些都是能幹的商業高手，相對於他們創造的價值和享受的成功，他們工作得太久，犧牲了太多個人生活。一旦掙脫這些枷鎖，你將立即躍升到專業成就的新層次。最重要的是，你將在享有豐富充實的個人生活的同時達成這點。

枷鎖1：錯誤的模式

不知怎地，我們欺騙自己，以為只要工作得更賣力、更久、更快，我們就能擺脫困境。但這是時間與努力經濟的錯誤模式。這就像一個人被困在深坑的底部，拚命鏟泥土。當你問他們打算怎麼逃出去，他們會大喊：「我會挖得更快些！」

在我的職業生涯中，如果你觀察過我的**行為**，就會得出結論，有很多次我的對策就是「挖得更快」。我感覺——或許你也有同感——我將死得體無完膚，力竭而亡。認知到這點是一回事，但要改變這種行為可沒那麼容易。

枷鎖2：追逐控制慾

控制炎——控制腺的發炎症狀

在許多時候，我發現自己會說：「如果想把事情做好，你就得自己去做。」企業領導人往往是控制狂，我也不例外。我討厭擔心別人能不能把工作做好的焦慮感。我常覺得自己不得不重拾控制權，更密切地指導我的團隊。我喜歡提出構想、解決難題的感覺，讓我感覺自己很重要，被需要，能掌控一切。

但要認知到，為了你想要一手掌控事業和團隊的大小事的慾望，你和你的公司必須付出極高的代價。我並不是建議你放棄責任。相反地，我鼓勵你在健全的事業組織的穩定基礎上，建立起一個能幹、訓練有素的團隊，以及一種確保你的團隊能妥善處理任何突發、不明狀況的文化。

讓你被控制慾的枷鎖束縛的部分原因是，你本身的才能在作祟。我要在這裡坦白承認，你的工作表現很可能相當出色。在你的職業生涯當中，你已成為一個精明幹練的高手。當你看見你的手下拚了命想完成工作，你知道你三兩下就能辦到，而要你忍著不出手實在很痛苦。你的控制腺發炎了，你覺得有必要重操故技，擔起更多責任。但是，你越是試圖親自插手，你就越是被時間與努力經濟困住，因為，當你的手下發現，取悅你的最佳方式就是讓你去決定該怎麼做，你的時間和心力就會被他們永不滿足的熱望消耗一空。

就是它讓凱斯每天四點起床和他的生產團隊聯繫。就是它促使我們當中的許多人召開又一次會議，發送又一批電郵，來獲取有關計畫 X 或狀況 Y 的最新進展詳情。

要認知到，當你感覺情況失控，你會急著想親自監督，管得更多，誤以為只有你才能把事情完成。而這只會讓你陷入越來越忙的無止盡循環，和不斷增加的壓力之中。一不小心，這將成為一道厚重的鎖鏈，阻攔你獲得你真心嚮往的美好生活。

枷鎖 3：指令不明確

如果欠缺每個員工都能了解的，關於事情輕重緩急的明確區分和目標，所有努力將會分散，糟糕的決策就會形成。這會導致表現不佳，因而促使你追求更多掌控權，來讓事情回到正軌，這進一步剝奪了事業的深度，因為你沒有優先排出時間來發展你的團隊，讓他們有能力承擔更多責任。這是一種負面的增強迴路

（reinforcement loop）。

當你為了處理每天在收件匣和應用程式訂閱庫收到的上百則訊息而弄得焦頭爛額，尤其可以看出這種指令不明確的現象。人很容易耽溺在察看簡單、低價值任務的小樂趣裡。比起著手進行一些比較重要的大型計畫，回應那些沒完沒了的日常小雜務感覺輕鬆多了。

這也會影響你的團隊。少了可以區分事情優先順序、設定目標、擬定計畫的戰略架構，會讓你的團隊不知所措。也難怪你老是忙著收拾殘局，並且拿回更多控制權，但你應該已經了解這會帶來什麼後果了。這就是為什麼本方程式的主要步驟之一是，清楚地確認，寫下你和你的團隊在本季和本週的重點工作項目。[3]

枷鎖4：欠缺深度

當你的團隊缺乏完成既定目標的經驗或才能，你常會發現自己必須回頭去更緊密地執行和管理你的部門、單位或者事業的運作。這會變成一個雞生蛋、蛋生雞的無解難題：如果你的團隊中有能幹的人，你就能把更多工作交給他們。可是因為你必須處理的工作量太大了，你根本沒有時間和心力去雇用或培養能幹的人，來減輕你目前背負的重擔。就這樣一直不斷兜圈子。

枷鎖5：過時的時間習慣

今天的世界和我們長久以來所處的世界有著根本的不同。在今天的已開發國家中，大量的卡路里帶來了肥胖以及心臟病、中風、糖尿病和癌症等文明病的流行。我們演化到了一個食物匱乏的世界，一個糖代表了水果和它們的珍貴營養，而脂肪代表了我們賴以熬過漫漫寒冬的卡路里的世界。

同樣地，我們的時間觀念也在商業世界中不斷改變，在這個世界中，時間和努力曾經是我們為了薪水而付出的東西。可是久而久之，這點產生了變化，隨著現代通訊和科技的變革，賣力費時的工作方式已不像數世紀前那麼受到重視了。工作不再需要非在辦公室或工廠裡進行不可，你幾乎隨處都可以工作。然而，我們所經歷的，也是我們的祖先難以想像的——地理自由，卻有它的陰暗面。越來越多的人覺得自己有必要保持待命狀態，不停察看電子裝置，回覆訊息。不斷變化、全年無休、相互連結的世界已徹底改變了我們的生活和工作方式，然而有許多人根本還沒有更新自己的時間習慣，以便規劃出在當今有效、永續地生產所需要的架構和系統。

3 原註：在第三章「投資在少而精」中，我會給你一個經證實有效的程序，來制定你的滾動式九十天一頁的行動計畫表。你還會發現一個名為「大石報告」（Big Rock Report），可以讓你的團隊將最大心力投注在行動計畫的每週執行項目的強大工具。

我曾經輔導過保羅，他是在一家被《財富》雜誌列入全球五十大消費電子公司負責管理該公司最賺錢部門的兩位高級副總（senior VP）之一。我的工作是幫助他找到方法，讓該公司那群高學歷的員工能密切合作，在競爭激烈、價值數十億的利基市場中更快速地開發新產品。

保羅想讓公司利用科技來加速各種開發專案的進行，並且把高報酬員工更妥善地配置在一系列專案當中。當時這家高科技公司仍然使用試算表來管理開發專案，數據是從上到下輸入和管理的，非常粗糙而且效率低下。這不僅讓他們很難把工程師作最好的部署，也限制了開發速度，因為團隊管理者必須透過沒完沒了的進度會議，來獲得狀態更新資訊。這些管理者實際上是一個個察看那些工程師的交付事項（deliverables）清單，依順序讀取他們的狀態更新，浪費了這些世界一流工程師的大量時間，而這些人不得不乾坐在這些糟糕的會議上，等著輪到自己提出更新報告。有些管理者改而要求他們用電郵傳送更新資料，試圖藉此提高效率，卻沒有意識到，這種對員工上班時間的干擾會減緩進度，而且，公司如果不能讓產品更快進入市場，他們可能得冒著損失數十億的風險。

當然，你也知道，想利用科技來管理像這樣的大規模分散式計畫，其實有更好的方法。一個放在雲端平台上的計畫管理系統——每位工程師可以每天花個十分鐘，在這裡更新他們在整個大拼圖中所負責的小組件——將能夠給這家公司一個寶貴、即時的關於計畫狀態的圖像，知道該如何妥善地調度工程師，以便更快到達終點線。然而，儘管有了這種改進方法，保羅還是花了一年時間，才讓他的上司，和他上司的上司，同意他繼續採用這方法。為什麼？因為在舊體系中，地位穩固的團隊成員享有個人優勢，資訊被副總、高級副總層級的人牢牢把持，儘管這會對整個公司構成傷害。

為了維持你想要的改變，打破這道最後的枷鎖，你必須重新思考自己的過時時間習慣，面對你公司內部的一些根深柢固的文化元素。

在本章的開頭，我向你介紹了湯姆，以及他的妻子李是如何透過預先付費的方式，「迫使」他加入我們的課程。結果湯姆的情況如何？在我們合作的前七年當中，湯姆的公司成長了四倍。他的股東們樂壞了。同時，他的每週工時縮減到四十小時以下。李和他們的孩子樂壞了。兩年前，湯姆辭去執行長的職務，成為董事長，把工作時間一口氣減半。在自己公司擁有大量持股和一個他喜歡的角色，湯姆樂壞了。

你已經知道，光是在腦子裡理解這概念是不夠的；你必須在工作中把它**表現**出來。雖然許多企業主嘴上說得漂亮，甚至擁護價值經濟的概念，但他們的行為完全不是那麼回事。他們本人往往工作非常長而且無差別的時數。他們把最佳時間用在解決別人的問題或者回應價值較低的請求，可想而知，他們只能東拼西湊出一些零碎時間來做最重要的工作。

他們**說**他們樂意採納價值經濟，然而，他們主要仍然是根據投入的時間和努力來評估自己團隊的表現。他們不見得會公開這麼做，但他們會巧妙地迫使他們的團隊採用時間與努力經濟的工作方式。「瑪莉的反應總是那麼迅速，她真是個好夥伴。」或者，「阿曼多，我兩小時前傳了郵件給你，還沒收到你的回覆！」你想傳達什麼訊息給你的團隊？要是阿曼多故意把信箱和電話關閉三小時，以便為你的頭號客戶擬定最新的專案計畫？或者是把他手下最好的三位工程師帶到會議室去腦力激盪，想找出最佳解決方案，來解決阻礙下一次重大產品發布進度的一個主要設計難題？你催促他對郵件「迅速反應」的做法將會如何影響他往後選擇的經濟模式？

別說「我了解了」，而要問自己：「我去做了嗎？」如果我暗中觀察你一星期，你的行為會如何顯示你實際上是在哪個經濟模式下工作？我會看見你把時間與努力用在解決問題，或者按時完成工作？我會觀察到你根據工作態度和表面上的努力去評斷、獎賞，透過關注、行動和鼓勵——你的團隊？還是根據他們的具體工作成果和實際創造的價值？光是說你相信價值經濟是不夠的。你必須讓自己的行為和它緊密結合，來表示你對它的接納。你的行為足以透露你目前奉行的是哪一種經濟模式，你的行為說了些什麼？

奉行價值經濟意謂著打破工作時間以及所創造價值之間的對等關係。本書的其餘篇章將提供給你許多精準的技巧來實現這一點，但目前非常重要的是，你必須了解，你拿薪酬不是為了你付出的時間，而是為了你創造的價值。為了創造價值，你必須擺脫過去束縛你的時間與努力經濟的枷鎖。在第二章中，我們將檢視一種經證實有效的時間架構，它將幫助你每週重新找回五小時或更多的黃金時間，讓你可以投注在你的最高價值活動上。這是全面進入價值經濟的第一個應用步驟。

送給讀者的免費贈禮：自由工具包（價值一二七五美元）

我了解每個人的學習方式不盡相同，因此我和我的訓練團隊建立了一套完整的工具包，來幫助你將學到的觀念應用出來，並且和你的員工分享。這套送給像你這樣的讀者的增值贈禮包括你即將在本書中讀到的所有工具的PDF下載版本，以及數十個能幫助你享受更大專業成就以及豐富個人生活的寶貴訓練課程視頻和其他工具。它甚至包括一個強大的九十天速戰課程，能讓你和你的團隊立即應用本方程式來發展你的事業。馬上取得「自由工具包」，請至 www.FreedomToolKit.com。

第 2 章

步驟二：找回你的黃金時間

身為母親和企業主，希薇亞常覺得左右為難。她每週的正式工作時間將近一百小時，這還不包括她在學校結束後花在開帳單、記帳、採購、招聘人員和「種種雜務」上的非正式工作時間。在南加州經營兩所大型蒙特梭利學校——照顧四二七名別人的孩子，但這卻讓她錯過了自己兩個女兒生命中的許多重要時刻。學校招生穩定，師資雄厚，年收入達四百三十萬美元，可說經營得相當成功。但由於希薇亞是全家的生活重心和經濟支柱，如果無法出席孩子的鋼琴表演、足球比賽，參與身為母親的種種日常樂趣和考驗，將會讓她萬分懊惱。

她的退役軍人丈夫蕭恩盡了最大努力投入、協助，但他知道，不管他怎麼說，希薇亞還是會按照自己的方式去做，兩人是在美國海軍陸戰隊服役時認識的。他們一起退伍，之後不久，希薇亞決定獨力開辦一所學校，認為這可以讓學生接受不同的教育方式，同時讓她的家人擁有更好的生活品質。蕭恩擔起後援的角色，當起了家庭主夫，努力填補希薇亞忙於經營事業留下的空缺。

內疚感開始源源而來，希薇亞記得有一天，她十二歲的女兒卡拉哭著打電話到辦公室找她，因為她在學校遭到一群女孩的網路霸凌。

「我要妳來陪我，媽媽，」卡拉抽噎著說：「馬上來！」

當時希薇亞正在處理一場重大危機，她的一名患有嚴重花生過敏症的六歲學生吃了其他孩子分享的 Reese's 迷你杯花生醬巧克力發病了。她正陪著小男孩在急診室，讓醫生治療他的過敏性休克，一邊等他的雙親現身。

「寶貝，對不起，我現在分不開身，一有空我就趕過去。」希薇亞解釋說。

這時，卡拉像個憤怒青少年，氣呼呼頂了一句：「妳說是我母親，其實妳還比較像是那些孩子的母親！」

希薇亞努力想解決我們在開創事業、養家活口時都會面臨的一個老問題：如何才能在工作上取得成功，同時又能擁有正常的生活？我如何能夠把一切奉獻給他人，同時又能維持自己的生計？但是，既然無法複製自己，她看不出除了繼續投入時間，還有什麼別的辦法，儘管她已經看到這在她最愛的人──她的孩子們身上所造成的惡果。也許有一天她能掙到足夠的錢，讓自己和家人退休過好日子，可是到了那時候，她的兩個女兒已經都長大，搬出去了，她將會錯失她們的整個童年。

必須要改變才行。她明白這點，卻不知道該怎麼做。你肯定已經觀察到了，她一直生活在時間與努力經濟模式中，工作繁重超出了人能承受的極限，回報卻不斷減少，而且付出巨大的個人代價。

強制停機

要知道，時間是成功方程式中最強而有力的變數之一。該是你讓自己的一天和生活立即停機，在工作上劃清底線的時候了。你很清楚是哪些事浪費你最多時間，不管是上班或下班後，但是看到它們用白紙黑字寫出來，也許會讓你把問題看得更清楚。這裡有個快速的小測驗，可以幫助你釐清你的大部分時間都被浪費在哪些地方：

現在把你的總時數乘以每年五十週，這就是目前你個人浪費在低價值工作上的時數。我在我最近主持的一場企業研習營上做了這個小測試，台下聽眾每週平均浪費的時間是十八小時！一年浪費的時間超過九百小時，也就是整整二十二個工作週。

損失還不只這樣，你也要把你的主要員工算進去。假設他們使用時間的方式和你一樣，你得把每年浪費的時數乘以你團隊中主要員工的人數，這便是你的公司在時間與努力經濟下運作的直接損失。那麼，隨之而來的工作倦怠、員工流動和離職所造成的間接損失呢？如果把「一切照舊」的直接和間接損失也考慮進去，實際的耗損是非常驚人的。

想像一下，如果你和你的公司將這些浪費的時間重新投入到最有價值的活動

十大低價值時間小偷

你每週平均花多少時間做下列活動？

時數	事件
	在沒有效能或浪費時間的會議上乾坐著。
	處理一些別人可以輕易完成的低層次的小干擾。
	處理低價值的電子郵件。
	處理來自同事的低價值請託。
	寫一些對最終效益毫無影響力，也沒人會費心去看的報告。
	瀏覽 YouTube 貓咪視頻，察看社群網站，或者沉溺於其他形式的尋求「心靈休憩」的逃避現實活動。
	做一些公司可以輕易用低得多的成本外包出去，而不必浪費你的時間 去做的低層次業務活動。
	解決一些原本可以輕易避免的緊急狀況。
	做一些你可以用二十五美元時薪或更低的報酬找人來做的辦公室雜務（建檔、傳真、影印、打字、裝貨、清潔等）。
	做一些你可以用二十五美元時薪或更低的報酬找人來做的私人雜務（洗衣、清潔、整理庭院、簡單的修繕、領回乾洗衣物等）。
	總時數：小時／週

中，將會產生什麼樣的影響？

我的自助餐式時間管理策略

問問自己，你有多常反射性地做事，把最好的心力揮霍在低價值的電郵、員工干擾和其他看似緊急但價值很低，可以由你的團隊自行去完成的任務上。你可以在合適的時候進行高價值活動——通常是當同事都回家了，辦公室安靜下來，電話也不響了——但這時你多半已經累得無法思考了。就好像你在自助餐廳拿著盤子打菜，別人的緊急事項和高熱量、低營養的任務佔據了你的餐盤，幾乎沒有空間可以留給那些最有價值、有企業營養的活動。

我們可以一起顛覆這個模式。從現在開始，你將首先在你的時間餐盤裡裝滿一些用來做最高價值活動的有組織的時段，這麼一來，無論剩下的空間裝了些什麼，你都能以最穩當的方式去完成更多最高價值的工作。身為輔導員，我面臨的最大挑戰之一是，讓那些跟我合作的企業領導人打破工作一小時等於創造一小時價值的觀念。舉個例，一位每小時索價五百美元的成功顧問，她可能會認為這是她利用時間的最好方式。事實上，更有價值的時間支出是花在爭取一名日後將為她帶來帶來數百小時的計費鐘點的新客戶上頭；或者決定哪些領域是她該特別關注或者該忽略的；或者發展她的顧問團隊，以便能系統性地以更快、更高的品質完成更有價值的工作。

不再活在一小時等於一個價值單位的舊的線性方程式中，而是從一小時裡擠出五十到一百個價值單位？甚至一千個價值單位？這對你的事業會有什麼影響？又會如何改變你的生活？

記住，你拿薪酬不是因為你付出的工作時間，而是因為你創造的價值。時間記錄卡和每天苦幹無助於你創造價值。把你最好的工作時段投注在那些能為你的組織創造最大價值的少而精的活動上，是你打破工作越久越好謬論的具體第一步。最成功的企業領導人會激勵、凝聚他們的整個組織，把他們全體的最佳時間投入到那些能發揮最大影響力的少而精的活動。打破工作一小時等於創造一小時價值的觀念的一個最有效方法是，好好管理、利用並且解放團隊工作時間的價值，用於追求最佳、最高效果。這就是為什麼世界各地的傑夫·貝佐斯（Jeff Bezos）和理查·布蘭森（Richard Branson）們能夠不依賴個人投入的時間，每年創造數十億美元的市場價值。

我們來看看保羅・羅賓森的例子。他是加州聖地牙哥一家名叫 Ensunet 的快速發展的資訊科技（IT）服務公司的負責人和執行長。

保羅生長在一個重視卓越和個人努力的家庭。他的父親阿尼・羅賓森在一九七六年蒙特婁奧運會獲得跳遠金牌。十年來，保羅將他父親堅毅、專注的職業道德應用在發展他剛剛起步的公司。這多少起了作用。他使公司的營收達到六位數。但光是長時間的苦幹遲早會陷入膠著。多年來，保羅一直停留在這個水準，充其量就是一個六位數身價的自營資訊科技專家。

當他開始運用自由方程式，尤其是你將要讀到的時間模式，他在接下來三年當中讓公司成長了十倍。最近，我有機會在一場我為一百二十位企業主舉行的訓練營中和保羅聊了一下。我坦率地問他，他的事業突破是不是因為他投入更多時間的關係。他看看我，笑著說：「大衛，我沒有更多時間可以投入，當時我已經每週工作八十小時了。」

一開始產生最大影響的是，他把最佳時間投注在最高價值的活動上，這讓他的事業有了第一波成長。這些活動包括取得較大的契約，找到能直接幫助公司履行這些契約的主要員工。

「這給了我勇氣和現金流去積極發展我們的組織和團隊，而這讓我們有了第二波成長，」保羅告訴我：「光靠努力工作絕不可能讓我達成這一點。」

我了解。多年前，我住在科羅拉多州泉市的奧運訓練中心，為參加奧運會受訓。讓我意外的是，當我做為常駐運動員入住時，我的訓練時間並沒有加長，但我受訓的每小時的品質都大為提升了。那些最成功的企業領導人也是如此。他們的工作時間並不比別人長，那只是迷思。而是，他們的工作時數在品質上要比一般企業主管來得有價值，因為他們把重點放在對的事情、對的時間和對的方法上。

你只要作出一點小改變。把它想成在自助餐廳更明智地選菜。你可以裝垃圾食物：甜點油炸食品，或是麵食區的任何東西。或者，你也可以先吃一盤營養的食物，像是蔬菜和蛋白質類，然後再回去拿你想吃的東西。這麼一來，你不只已經得到了營養，而且你的第一盤健康食物也讓你的肚子有幾分飽了，因此接下來你會少吃些垃圾食品。

一開始要辨別最有營養的活動，並且把它們和你日常業務食譜裡的垃圾食品區分開來。我把這工具叫做「時間價值模型」。

——打破工作時間以及所創造價值之間的連結——

工作時數	產生的單位價值	用本方式創造價值的人
工作 1 小時	創造 1 單位的價值	一般員工
工作 1 小時	創造 10 單位的價值	能幹的管理人
工作 1 小時	創造 100-1000 單位的價值	商業高手
工作 1 小時	創造 1 百萬單位的價值	企業巨人

時間價值模型

為了提升你對時間的利用，首先你必須確定，做什麼事能真正為你的企業創造價值。為每個時間單位創造更多價值的第一步是，具體界定你真正能夠創造價值的活動有哪些。

如果你讀過關於時間管理的書，必然知道源自十九世紀經濟學家維爾夫雷多・帕雷托（Vilfredo Pareto）研究的帕雷托原理（Pareto's Principle）。它通常被稱為「80／20法則」（80％／20％Rule），意思是你的行動有20％產生了80％的成果（高價值），有80％的行動產生了其餘20％的成果（低價值）。我把這種寶貴的特性作為精密的時間價值模型的基礎。

如果你採取這產生80％結果的20％行動，再一次應用80／20法則，那麼這20％中的20％將產生80％中的80％成果。也就是你的4％努力（20％的20％）產生了64％的成果（80％的80％）。

容我再玩一下數學，最後一次應用80／20法則。結果是，你的1％努力（20％的20％的20％）將會產生50％的成果！沒錯，你的最高價值工作中的一小部分產生了你所有成果的一半。

不，這不是真正的科學，而且這也不會自動發生。但是帕雷托原理說明了一個寶貴的觀點：時間的價值是不平等的。你在週二的四小時最佳時間可能比你在週一、週三和週四的三十小時「查核完成」的低價值工作所產生的回報要大得多。

自由方程式步驟二的目標是找回你的黃金時段，把它們組織起來，好讓你用來專注在最高價值的活動上。第一步是建立你個人的時間價值模型（P 64圖），把你的所有活動區分為四種時間類型：

- D **級時間**：是80 %沒被充分利用的時間，只產生總體回報20 %的無效時間。我稱之為80 %大量，給它相對價值 1。
- C **級時間**：是產生80 %成果的20 %時間，我稱之為已利用時間。它的相對價值是16（投入減少¼，產出增加四倍）。這表示每小時的 C 級活動所創造的經濟價值是一小時 D 級時間的十六倍。
- B **級時間**：是產生64 %成果的高度專注的 4 %時間。我把這 4 %叫做「甜蜜點」（Sweet Spot）。它的相對價值是64：一小時的 B 級時間所產生的價值是 D 級活動的六十四倍。
- A **級時間**：是金字塔頂端──神奇的 1 %。你的50 %成果來自這類活動。（A 級時間的相對價值是 D 級時間的兩百倍。）

你的低價值 D 級時間工作可能包括過濾電話請託，填寫開銷請款單，或者寫一份沒人會認真看或使用，無關痛癢又花時間的報告。如果你不必做這些工作，或者只用你最沒有效率的零碎時間去處理它們，你就會有更多的最佳時間去做一

時間價值模型

	投入	產出	相對價值
A 級時間 神奇的 1%	1%	50%	200×D
B 級時間 4% 甜蜜點	4%	64%	64×D
C 級時間 已利用的 20%	20%	80%	16×D
D 級時間 80% 大量	80%	20%	1×D

些較高價值的工作。

你的C級時間活動可能包括指派任務給員工，和客戶進行一對一的會面，或者發送進度更新資訊給你的團隊。這些工作很重要，但並不是最重要的。你需要C級活動；它們構成了你推動計畫、擔負日常職責的主要部分。重點是要認知並且謹記在心，有一些價值大得多的更高等級的活動，也就是你的A級和B級活動。

你的B級活動可能包括一對一指導、培養一名重要團隊成員，安排當週的高價值活動，或參加一場重要的動腦會議。

你的A級活動可能包括為你的公司或部門擬定一頁式的季行動計畫表，進行重要人事的招聘，或者和你的一個頂尖合作廠商共同推出一波新的聯合宣傳活動。

這時候，如果 A 和 B 級活動之間的界限有些模糊也是正常的。過些時候，當你開始留意，你會更容易分辨你個人的 A 和 B 級活動之間的細微差異。目前重要的是，你要了解 A 和 B 級的活動比那些塞滿你的待辦事項清單的 C 和 D 級任務有價值得多。

至於現在，花十分鐘，列出你自己的 A-B-C-D 級活動清單。從 A 級和 B 級活動開始。問自己：「我領這份薪水，真正必須創造的最重要成果是什麼？」

如果你是執行長，你可能會回答，**做個戰略先鋒，以領導者的身分幫助我的公司決定哪些戰略或措施能讓公司獲得最大、最好的資源。**

如果你是行銷主管，你的答案可能包括**確保我們建立一個能得到我們的核心市場共鳴的品牌，並且和我們的競爭對手成功區隔開來，以便能繼續銷售我們的產品和服務顧客。**

如果你是自營專業人員，你可能會說，**建立一個可以將源源不斷的新客戶引入公司的可靠平台。**

如果你是人力資源部主管，你的答案可能包括**為你的組織招聘並留住所有部門的頂尖人才。**

輪到你了：你領這份薪酬，**真正**必須創造的三項最重要的成果是什麼？針對每一項成果，列出你的三件可以達成該項成果的最重要的行為或活動。在下一頁，你會看到一個我填寫的範例（下頁），列出我在我的「茂宜謀略家（茂宜企畫顧問公司）」企業訓練公司中的三大任務。我鼓勵你到 www.FreedomToolkit.com 網站下載時間價值模型工具的空白版本，親自做一下這個練習。

再次提醒，如果你還未決定好該怎麼區分 A 級和 B 級活動，也不必擔心。在現階段，重要的是清楚體認到 A、B 級活動以及耗掉你一整天時間的 C、D 級工作之間的品質上的差異。

接著列出你的 C 級和 D 級任務。它們很可能是目前佔滿你大部分時間的東西。看看你的待辦事項清單和日程表，回想一下你整天忙著處理的那些工作。提升你的時間利用的第一步是，弄清楚——寫下來，審視你所做的事情當中創造了最多和最少價值的是哪些。

要了解，這些清單不是靜態的。當你的事業成長，或者你在組織中的角色有了變化，你目前所認為的 A 或 B 級活動將不可避免地跟著改變。例如，如果目前和一位潛在客戶進行一對一的會面對你來說屬於 A 級活動，那麼要確保在六到十二個月之內，你已經為公司創造了更多價值，使得這項活動被降成 B 或 C 級活動。理想情況下，和一個每個月為你帶來幾十個潛在客戶的合資夥伴合作屬於 A 級活動，或者培訓你的銷售團隊和潛在客戶進行一對一的會面，或者製作一支能產生被動性銷售的行銷視頻。到了這時，和潛在客戶一對一的會面對你來說已不再那麼重要了。這很好，這就是成長。

我的職務所要達成的前三大成果	我為了達成該成果所做的三種活動或行為
成為替公司引入更多潛在新客戶的代言人	• 撰寫、行銷暢銷書。 • 為公司爭取大規模的宣傳機會，比如在領先的商業網站和刊物上開設定期專欄。 • 針對我們的目標消費群進行大規模主題演講。
戰略先鋒和決策者	• 制定高層次戰略決策，決定要將員工的時間和心力投入哪些事，以及要將公司資源投資在哪裡（以及該對哪些容易讓人分心的干擾說不）。 • 定期詢問、提醒我的公司思考下一步，並確保一部分最佳資源使用於測試、探索，為公司儲備未來發展的動力。 • 用語言和行動在全公司傳達我們的價值觀和文化。
訓練、培養、帶領公司的領導團隊	• 花時間和公司的重要主管進行一對一交流，幫助他們成長並在他們的專擅領域中有效地領導。 • 確保每一位重要主管清楚了解我們的公司戰略，以及如何在各自的崗位上為整體計畫作出貢獻，以便我們達成最重大的目標。 • 讓我們的領導團隊為他們的支柱計畫和主要成果負責。

了解 A、B、C 和 D 級活動之間的區別將有助於你把注意力從投入工作時數轉移到提升工作類型。久而久之，這將帶來巨大的事業突破。如果你是一個企業家，你有機會讓你的業績成長兩成五到五成，甚至更多，只要你每週騰出一、兩天時間，積極採取那些能讓你的事業增長和擴大的行動步驟。如果你是主管，你可以更快地達成公司目標，並且大幅促進部門的發展和成功，而不必每個週末加班。如果你從事法律或其他專業，你可以增加公司收益，而不必靠著榨出更多計費鐘點或者親自執行更多程序。無論你從事什麼行業，把現有的工作時間提升到更好、更高用途的結果太神奇了——更少的總工作時數，卻能創造出更大價值。

有趣的是，你的 A、B 級活動可能不必然像你所想的那樣。我們就以古普利・帕達醫生為例來說明。他在密蘇里州聖路易斯市經營一家生意興隆的疼痛管理診所。

第一次接觸這些時間價值戰略時，帕達醫生擁有十幾種不同事業，從外科診所、醫療帳務公司，一直到好幾個商業房地產計畫，甚至包括數家餐館。他已經竭盡全力，卻不知道該如何把事業擴大。

十年前，當我剛開始和帕達醫生合作，他認為他最佳的時間運用就是花在手術上，進行脊椎介入性疼痛治療法——他是這方面的世界級專家。問題是，他越是嚴格遵守這樣的時間支配概念，就越清楚地發現，儘管能賺錢，這些手術時間對他的公司來說並不是最好、最高明的時間利用方式，因為，除非他能複製自己，這些時間是沒辦法升級的。它們對他來說實際上屬於 C 級時間。他了解到，他真正的 A 級和 B 級活動是擬定一些重大的戰略決策，像是應該擴及或避開哪些行業，重要的人事雇用，還有涉及七、八位數資金的高額談判。帕達醫生依照本章後面介紹的策略，重新調整時間運用，每年為自己增加一百萬美元的個人收入。

「我知道時間是我最寶貴的資源，可是發現我除了手術時間之外還有更高等級的工作時間，確實是一大啟示。」

帕達醫生是個典型的門外漢例子，說明了這些時間支配策略一旦和我將在本書後面討論的事業成長原則和戰術相結合，將會產生何等的效益。如今，帕達醫生擁有三十二種不同事業，員工超過五百人。他經營數家診所、多家餐館、一間小釀酒廠和兩座有機農場。

「直到今天，我仍然覺得這些時間價值策略就像十年前我第一次從你那兒聽說時同樣的珍貴、有意義。」

專注日和推動日

還記得自助餐廳的類比嗎？既然你已經知道你的哪些活動是最健康、最有價值的，那就開始安排你的一週時間，特意用你最有價值的活動來裝滿你的第一盤食物。這時我稱之為專注日和推動日的時間區隔法就派上用場了。

專注日是在一週當中挪出特定的一天，把它優先用來做幾項重大的A級或B級計畫。在專注日，你得把你的最佳時間騰出三到四小時，投注在你的價值最高的A級和B級活動。推動日是工作週的其他日子，用來把你的一般性計畫向前「推動」一步。專注日有助於創造對事業的長期影響；推動日則能讓日常運營向前推進。我建議你從每週選定一天作為專注日開始，在這一天當中，你要固定安排一個三到四小時的「專注時段」，專門用來進行你的最高價值活動。

讓你的團隊一起支持你的專注日。同時鼓勵你的重要員工安排他們自己的專注日。這天，在專注時段以外的其他四、五個小時，你會用來做什麼呢？不管你通常會怎麼做。你的專注時段對你的組織來說太營養、太有價值了，因此你可以把這天剩下的時間花在你的C級，甚至一些D級的活動上。後面有一份週行事曆範本，顯示當你採用這個簡單而有效的概念，你的一週時間運用狀況（左頁圖）。

在你的專注日，跳出原來的例行工作，轉而致力於你事業中影響力最大、價值最高、回報最多的部分。也許是建立一個和新客戶打交道的基礎運作流程，花

週行事曆

	週一 （日期）	週二 （日期）	週三 （日期）	週四 （日期）	週五 （日期）
8:00					
	專注時段		專注時段		專注時段
9:00					
		專注日			
10:00					
11:00					
12:00					
1:00					
2:00					
3:00				專注時段	
4:00					
5:00					

時間指導你的重要團隊成員，改善你的招聘系統，或者拜訪兩位你的最重要客戶或潛在客戶，來強化關係或結束銷售業務。

目前我的團隊已經進展到了讓我可以每週有三個專注日的階段：週二、週四和週五（P 75圖）。我用週一和週三作為我的推動日。在這兩天當中，我將我的正常職責和計畫一步步向前推進。這兩天大家可以透過電話和電郵找到我，而且我也會召開許多電話會議。這是我認真「辦事」的時候。[4]我把推動日用來執行一個企業領導人的日常運營任務，連同我在專注日規劃、簽署或構思的任何好點子、交易或方案的安排和執行。但即使是在我的推動日，我也會騰出一小時的專注時段來進行 A 或 B 級活動。

想像你的專注時段是跟你自己約會，在你處於最佳狀態，不管早上或下午，當你感覺腦袋犀利無比，適合做那些全公司只有你擔得起的最高價值的 A 和 B 級事項的時候。把它放進你的行事曆，來確保即使在推動日，你都能擁有至少一小時不受干擾的專注時段。即使你只用每週兩個推動日的小而漸進的方式去做，你都會發現它對你的生產力提升具有顯著影響。

在專注日，我總是全神貫注。這天我會從早上八點到十一點半中斷電話和電子郵件，還有下午一點到兩點半再次中斷，以便專心進行最有價值的活動。

對我來說，專注日通常用來寫作：寫書，像是你正在讀的這本；還有為我們的企業輔導系統編寫培訓工具書；或者讓我的團隊可以執行的業務計畫書。另外我也會利用這段時間舉行高價值會議，或者到錄音室錄製新的企業成長培訓課程。（要補充的是，我會在中午進公司待個三十到四十五分鐘，傍晚也會再去一次，回覆重要訊息或電郵。）

在專注日，我通常會離開辦公室，進行遠端工作。有時候我會待在我的會議室，在那裡工作。離開平日的環境，能避開各種充塞在辦公室每個角落的C和D級工作誘惑。另外我會給電郵設定「暫離辦公室」的自動回覆訊息，並且授權我的助理替我篩選電話，處理或延後發送我的電郵，這使得我能全心投入我的各種最高價值活動。

這種簡單的方法能讓你找回那些重要的最佳時段。**要記住，這個世界不會自動關閉，你需要一種有條理、悉心安排的方法，以便把這些時間區段投注在你的最高價值活動。**如果你採取消極態度，你的時間將被切割得支離破碎。這裡十分鐘，那裡五分鐘。高價值的專注時刻不會輕易到來，就像我不可能對我兒子說，「喂，小子，咱們來點溫馨的親子時間吧！」你必須給自己時間和喘息空間，來

4 你也知道，在許多辦公環境中，把週一定為專注日通常不是好主意，因為多數人幾天沒進辦公室，會在這天忙著追趕進度，至於週五則是趕著在週末前把事情辦完。請視你和你的團隊一週的工作需求調整時間運用模式。

讓它自然而然地發生。

這關係到明智地利用所有零碎的時間，因為最珍貴稀有的資源其實**不是**時間，而是專注，你的最大專注力。你的生產力和專注力都到達最佳狀態的時刻，是你的彈藥庫裡最強大的武器。

對許多人來說，一天當中的第一個小時，也就是當我們經過充分休息、精神飽滿的時候，是最寶貴的。較缺乏組織力的企業主和管理者總是急著掌控一切，得到即時的情感回報，因此他們進辦公室的第一件事是察看電子郵件。事實上，他們可能在到達辦公室前就檢查過兩次了。

真是辜負了大好時光！大部分電郵只會讓你原地踏步。相反地，當你到達辦公室，應該把你的黃金時間花在真正能帶來改變的事情上。我已經養成習慣，在前一天晚上的專注時段把我想進行的一個企劃案攤出來，這麼一來，當我一早踏進辦公室，它就是我在辦公桌上最先看見，或者打開電腦第一個看到的東西。在這個高價值的事項上取得進展會讓我的一整天過得輕鬆愉快。

大衛日常的一週

包含專注日和預留的專注時段

	週一（日期）	週二（日期）	週三（日期）	週四（日期）	週五（日期）
8:00	專注時段		專注時段		
9:00					
		專注日		專注日	專注日
10:00					
11:00					
12:00					
1:00		專注日		專注日	
2:00					
3:00					
			15.5 小時／週		
4:00					
5:00					

想想一個專注日的四小時專注時段，加上四天的一小時專注時段的力量，讓你每週擁有不受干擾的八小時可以投入你最重要的事情上。現在把它乘以你一年的四十八個工作週（你每年至少**都**有四週假期，對吧？如果沒有，何不試試？）。

這相當於整整四十八天、每天八小時的最佳時間——九個工作週，你以最佳狀態投入各種升級活動。你可以看出，這是打破一小時工時和一小時價值之間連結的重大初期步驟。

你越是創造更多這類不受干擾的時段，你就越能提升你對這些時間的利用，並且為你的日常活動注入價值。與其忙完一件事，繼續忙下一件事，不如牢記這個高品質時段的原則，更有心地去做。你將會驚奇地發現你能完成多少事情。然而許多企業任由他們的時間被「切」得體無完膚。才專注思考一個計劃不到五分鐘，就被電子郵件打斷。然後他們得趕去開會，而且只有十五分鐘可以準備緊接著舉行的下一場會議。然後，在離開會議室返回辦公室的途中，他們被兩名員工的請求絆住，他們的一天就這麼泡湯了。你已經知道，想在零零碎碎的時間中創造最佳價值是極度困難的，你需要一些不受干擾的最佳時段，來思考、計畫、創造和執行重要的事項。

摘要：每週定出一個專注日。空出三到四小時，專門用來處理一些能帶來實質效益的最高影響力、最高價值、最高回報的活動（A和B級）。然後，為每個推動日安排至少一小時的專注時段。

四個 D

在確定了你做的哪些事能真正創造價值（你的 A 和 B 級活動）之後，仔細檢視你的 D 級活動，那是可以挖出更多時間寶礦的地方。透過刪除（Deleting）、委派（Delegating）、延後（Deferring）和設計排除（Designing）這四個 D 的運用，你將可以每週多出五小時或更多時間，來重新投注在 A 和 B 級活動上。當你提升了你的時間等級，你就有更多的空間和時間可以用來創造更多價值。

前三個 D 很淺顯易懂：你可以把某件事刪除、委派出去，或者延後處理。特別要提的是第四個 D——設計排除。記得有位專業人士向我抱怨，說他的一天老是被一些莫名其妙的電話打斷。我向他指出，任何人打電話到他公司，一進入他們的電話系統，排在第一位的就是他的分機號碼！基本上，他等於在對世人說，「按 1，歡迎隨時來打擾。」聽我指出這點，他笑著說：「我懂了，我得把自己排在最後一位。」我笑著告訴他，也許吧。或者，我建議，他可以把自己完全排除在電話系統外，只要確保他想接電話的人握有他的直接但是不公開的分機號碼。

我將在第九章中進一步討論如何利用更好的設計，來達成事半功倍的效果。但現在我希望你採取一個簡單的行動步驟。挑選一種你時常進行的 D 級活動，想想如何能設計排除這項工作，讓它從此消失？[5]

5 原註：你可以利用「時間價值模型工具」下載版來組織各種 D 級工作。請至 www.FreedomToolKit.com 網站下載。

電子郵件災難

當你深入了解你組織中的日常運作，你會捕獲並且除掉大量的時間小偷，但是有一項特別突出的Ｄ級活動，就是低價值電子郵件。我們當中有許多人被電子郵件淹沒，卻沒發現，我們使用電子郵件的方式已讓它變得更加難以控制。在兩年期間，我問了數千位接受我公司訓練的企業主，「影響你工作效率的最嚴重干擾是什麼？」有三比一的壓倒性比例回答是電子郵件。

也許是偽裝成更重要信件的促銷垃圾郵件，也可能是你被某人列為副本收件人，這個寄件人並不需要你採取行動或回應，就只是把你、他的上司等人加入來混水摸魚——但你還是花了半分鐘讀這封信的內容。然而，根據加州大學爾灣分校的一項研究，你真正浪費的不是那幾秒鐘，而是你試圖重新投入原來的工作所損失的幾分鐘。再乘以每天湧入你收件匣的幾十封、幾百封電郵，加起來便是你原本可以用來做一些更有生產力的事情的數小時寶貴時間。

大約八年前，我們開始在公司內實驗各種方法，嘗試更聰明地利用郵件主旨，來減輕彼此的注意力負擔。我們決定採用一種編號方式來傳達電郵內容的重要性，我們稱它為1-2-3系統。它的運作方式是這樣的：

1＝緊急且重要——盡快讀取並採取行動。

2＝需要採取行動——讀取並在合理的時間範圍內採取顯著行動。

3＝僅供參考（FYI）。無需採取行動。方便時再讀內容即可。

此外我們也使用利於預覽電郵內容的清晰、關鍵字豐富的訊息，讓主旨更容易閱讀，並且方便日後搜索。例如以下的形式：

2：二月二十四日唐納威會議備忘錄

2馬克；3艾米莉：補充四月十二日史戴森計畫檢討電話

必要的話，我們也會在轉寄或回覆信件時加強主旨。我們發現，在主旨中包含的訊息越多，就越能替收信人節省時間。

實行這些小措施改善了我們公司的氛圍。大家更平靜，更快樂。團隊穩定性也大為提升，這是一件大事，因為眾所周知，頻繁的人員流動是非常昂貴的。這是常識。怎麼會有人覺得有必要不斷察看工作訊息呢？然而，大家經常瀏覽數百則訊息，生怕錯過了一條生死攸關的消息。沒錯，緊急情況是難免的。例如，也許會發生全公司的電腦系統大當機。但這並不表示我的資訊科技部門主管賴利需要緊盯著手機，以防發生這種一年頂多發生兩次的事。如果真有那麼嚴重，我的團隊會直接打他的手機。

在加州海濱市經營忙碌的承包事業的馬克和黛安娜很少休假。在黛安娜看來，出門根本毫無意義。七年前的一趟歐洲之行，馬克每晚都待在飯店房間裡察看電郵，檢討手下的工作，讓黛安娜一個人在布拉格、維也納和布達佩斯的浪漫街道上獨自漫步。

在那之後，馬克開始採行本章中的構想，還有本書後面將會介紹的方程式的其他步驟。有了一支新團隊，以及讓他們可以遵循的清晰流程，他不再需要全年無休地用電子裝置和辦公室保持聯繫，但他需要一點時間去適應這個新的現實。

兩年前，當馬克出乎黛安娜意料地提議去巴黎旅行，她向我坦承，她根本不想去。上一次不像樣的假期回憶，還有馬克每晚待在旅館裡工作帶給她的失望，都還揮之不去。但是她決定再給馬克一次機會，於是他們去了。在他們旅途的第一站，紐約市，馬克照著他的老習慣，在機場休息室看起了電子郵件。黛安娜見狀，心想，**又來了**。

可是當馬克開始回覆電郵，回答客戶的問題，他收到一封來自他的新辦公室經理蘿倫的禮貌但篤定的郵件，要他好好享受假期，他的團隊會罩他。當馬克第二次試圖遠端工作，蘿倫開玩笑地加碼要求，告訴馬克，要是他再不停止邊度假邊工作，她恐怕不得不「暫時停用他的電子郵件帳戶」。蘿倫在一封電郵中說：「馬克，你就要和你的妻子到全世界數一數二的浪漫城市旅行，盡情享受你們共度的時光吧，我們罩得住。」她向他保證，萬一發生緊急情況，他們會直接聯繫他，可是放心，他的團隊，他在過去兩年努力打造起來的團隊，有能力在他度假兩週的期間處理業務的日常運作。他再也不必死守著他的筆電，或者反射性地回覆每一封進入他收件匣的電郵，他……自由了！

善用你的助手

當然，如果有一位幹練助手的支持，重組時間和清理 D 級活動的工作會容易得多——一個比你自己更清楚你的目標、優先事項、偏好和工作風格的人。你的助手可以是全職或兼職，在辦公場所或虛擬的。你可能和幾個同事共用一名助手，或者有人專門為你服務。不管你如何安排，即使每週只有十小時助手的支持，都能讓你每個月多出好幾小時的精華時間。

這裡有一些關於讓你的助手發揮最大作用的具體建議。[6]

[6] 原註：我還有很多關於如何物色、雇用和運用私人助理的訊息想和你分享，但是出版商提醒我，這本書不可以長篇累牘！別笑，我交出的第一份手稿粗估有十二萬字，本書肯定會變成一本四百頁的大部頭書。我的編輯之一莉亞「溫柔地」鼓勵我刪、刪、刪。然而，身為企業家，就是要找到跳脫框框但又守規則的新穎方法，去做你想做的事。因此，我和我的團隊建立了「自由工具包」（Freedom Tool Kit），包括許多詳盡的培訓視頻和發佈在網站上的 PDF 檔案下載版供你使用。其中一個視頻是一個簡短教材，介紹五個關於如何物色、雇用助理人才的重要課程。你可以到 www.FreedomToolKit.com 網站觀賞。

了解自己。你喜歡用什麼方式交付訊息？透過簡訊或電子郵件？還是語音留言？或者你偏好每週和你的助理會面，一口氣交代多項任務？你喜歡用什麼方式接收更新資料？口頭報告？說明詳盡的電郵？還是專案管理平台上的快速備忘錄？你是內向的人，需要一個能理解你需要安靜工作環境的助手？或者你想要一個能和你熱絡交談的活潑親切的助手？助手沒有好壞，只有適不適合你的問題。

別試圖用電郵來管理助理的所有交付事項。相反地，和你的助手協議，讓他或她持有一個試算表或任務管理系統工具（APP），請他或她把所有東西上傳到那裡。

這個單一的任務清單應該用來追蹤所有工作。確保由你的助手——不是你——全權管理這個任務清單，並且把你派給他或她的所有工作都放在上頭。如此一來，你便可以放心不會有任何疏漏，因為你有了一個可以讓你們雙方隨時參考的主清單。

把重要的交辦工作會議錄音，供你的助理複查。如果你習慣當面或用電話向你的助理一口氣交代多項任務，建議你讓你的助理把這類對話全程錄音，方便他或她日後重新檢討你提到的細節。

建立一個條理分明的系統來蒐集你派給助理的任務項目。你需要一個穩當的系統來留存你想交給助手的任務。以下是我發現最適合我的方法：

- 用電子郵件。（我使用 Outlook 的「分類」和「快速步驟」功能，簡單標記一封電子郵件，讓她自行處理、加到約會行事曆、加到我的聯絡簿或者和我討論。）
- 用桌面檔案。（我把紙條或實物放在這裡，來提醒自己把它們交給她。）
- 用書面的「助理」工作委派清單。（我把這份清單放在桌邊的筆記本裡，你也可以利用智慧手機的備忘錄來追蹤。）

你必須能信任並訓練你的助手來過濾收件匣。對許多人來說這有些難度。他們害怕他們的助手會看到不該看的東西。我相信，如果你找對了助手，這人對保密有明確的理解，而且簽署了保密協定（NDA；見下一段），就會有足夠的成熟度謹慎而智慧地管理你的收件匣。你的助理不可能處理你收到的每一封郵件，但經過一段時間的訓練，他們將能幫你處理兩成到五成郵件。這表示他們會在你進入收件匣之前先替你過濾，讓你一天——每天——省下一小時。

要你的助手簽署一份穩當的保密協定。簽署一份合約可以讓你清楚地討論守口如瓶的重要性。你必須向你的助手解釋，他們將看到其他人看不到的公司內幕。

他們必須沉得住氣，不能到處八卦或分享內幕消息。

別雇用大驚小怪的人。你得花很多時間和這樣的人周旋。找個真正的專業人士來簡化你的生活。

一旦你和你的助理建立了深厚的專業理解和融洽關係，就要認知到，以為這種關係會恆久不變是不切實際的想法。世事多變。在過去二十五年當中，我在工作上換過十幾個助理。其中有些是我的提議，也有些是很棒的助理，但決定離開或者轉換職業跑道。要了解這是任何從事這職務的人可能會有的結果，也因此，你的助理的主要職責包括了建立一個成為你的世界級助理的系統。

理論上，如果能完全做到這點，你的助理便可以帶著從你身上學到的一切然後獨立運作。我的運營長泰瑞莎・華森十多年前在我們公司開始了她的職業生涯，當時她是我的助理。經過多年，她成長為一名企業人士，並且在公司擔任越來越高價值的角色。如今，泰瑞莎負責帶領我們的領導團隊，督促我們所有人在價值經濟模式下為每日、每週和每季的營運擔起責任。

「任何想在工作中求進步的人，都能從這些時間管理技巧中受益。」泰瑞莎說。她是兩個女兒的母親，但仍然能輕鬆地兼顧工作和個人生活，而且有餘裕讓自己按時下班——多數時候。目前，泰瑞莎將這些知識傳授給其他團隊成員，幫助他們提升時間的運用，明白工作不只是一股腦地投入時間，而是為了創造價值。

還記得本章開頭提到的希薇亞吧？自從她在五年前成為我的客戶，開始運用這個方程式以來，她的工作時間已經從每週超過一百小時，大幅減少到六十小時以下。同時，她總算能定期安心地去度假了。

「我終於了解我不可能一手包辦所有事情，」希薇亞告訴我：「為了公司成長，我必須讓我的團隊有機會表現。這點在目前尤其顯得重要，因為我們開設了第三所學校，而且繼續擴展，正積極尋找第四所的位址。」

你越是能有效地利用你的時間，訓練他人去做同樣的事情，它就越能在你的組織中一層層傳遞下去，當你有餘裕專注於那些有助於事業各個領域發展得更快、更強、更好的事情上的同時，也能幫助團隊其他成員茁壯成長。它讓你重新找回更多的最佳時間。明智地運用它吧。

你的 A、B 級活動是什麼呢？每週的哪一天是你預留的專注日？記住，為了替公司創造最高價值，你必須把你的最佳時間一段一段找回來。接下來我們要聊的是，該如何充分利用這些專注時段。在第三章中，我將幫你找出哪些工作屬於你的公司或團隊的少而精的事項，以及如何運用每季一頁的行動計畫表，來讓你的整個團隊投入真正重要的任務。

超值小秘訣：十二種收件匣管理戰術

多年來，我們在公司內部進一步琢磨了電子郵件處理技巧，如今我們有了一套完整的最佳電郵管理準則，它將為你的職場生活帶來改變：

1. 電子郵件讓人上癮——避免點進去看。要知道，即使只是「點擊」一下，快速掃描你的收件匣，幾乎都會讓你花掉比預期中更多的時間去對電郵作出反應。要防止這種情況發生，最好的辦法就是根本不察看收件匣（在特定時段內）。要了解，任何時候，只要你打開收件匣，就會忍不住在那裡頭耗掉更多時間。因此，不妨離線工作，或者在做其他工作的時候留下幾個空白郵件視窗，用來發送信件，這樣就根本不必進入郵件程式了。這也直接帶出下面幾個電郵處理秘訣。

2. 設定嚴格的郵件接收限制並加以遵守。把你的專注日以及推動日的專注時段視為「無郵件干擾」時間，這時候要關掉郵件程式，進行你的高價值工作。讓你的團隊知道你在做什麼以及原因，尋求他們的支持，來幫助你為公司創造更多產能。我強烈建議你選擇一天時間的第一段，就在你進入工作場所之後，用它作為你的專注日和推動日的專注時段。從我們的企業培訓客戶的統計資料來看，如果你一早就察看電子郵件，很可能你一天當中的一大段時間將被緊迫但低價值的急事給破壞，而這些急事原本是你可以等個一到三小時再處理的。

3. 要了解，每次你「迅速」掃描一封郵件，這種干擾會大大降低你進行另一件高價值工作的專注力和投入。「可是瞄一下收件匣頂多只要一、兩分鐘。」話是沒錯，但是很可能你緊接著發了三、五封郵件，這麼一來你得花好幾分鐘才能回到察看收件匣之前的投入狀態。不只這樣，你回信的速度越快，得到的回覆郵件也就越多（見第 6、第 7 點），形成惡性循環。

4. 善用你的員工（如私人助理等）替你篩選郵件。企業人士察看電郵的最大藉口通常是：「萬一有哪個重要客戶／供應商／員工有問題需要我幫忙解決，而且真的非常緊急而重大呢？」我們現實點吧。一般企業人士一天要察看二十幾次收件匣。這二十次當中，有多少次真的帶來了急需採取行動的情況？你可以請一位員工替你篩選郵件（至少在一天和一週當中的某些時段），讓你有充足的高價值時間可以專心思考，從而維護你的時間和你的公司。如果有時間緊迫、急需採取行動的緊急情況，他們可以敲門提醒，或者打電話／發簡訊來引起你的注意。正如我之前提過的，我無法告訴你我認識的那些成功的公司經營者當中，有多少人會害怕讓助手看他們的電子郵件。他們每天起碼收到兩百封訊息，其中有四分之一是垃圾訊息。助理可以輕易幫他們刪除三成郵件量，可是他們擔心員工可能會看到一些他們不該看到的，例如配偶或情人寄來的私訊。這種情緒也是合理的，但我提醒他們，他們必須能夠信賴自己的助手有足夠的成熟度，能謹慎地處理任何事。此外，電子郵件畢竟不是最安全的通訊方式。不妨考慮使用其他管道來傳遞這些數量較少但高度私密的訊息。

5. 關閉郵件的自動收發功能（或至少減少下載新郵件的頻率）。同時，關閉郵件提醒功能（鈴聲和快顯通知）。你不需要即時掌握每一封郵件進來的瞬間。相反地，選在你方便的時候有意識地察看電郵，而不是每當有人寄件給你的時候，郵件通知只會增加會扼殺生產力的衝動行為。

6. 想減少收信，就少發信。

7. 想減少收信，就盡量延後回覆的時間。你越快回信，往往也越快收到回覆。而你收到的每一封都需要你花時間消化，動手把它移動、刪除或回覆。不妨等個一小時、一天甚至一週再發信回覆。可以使用「延遲傳送」功能，儘管馬上回覆，但延遲了發送時間。

8. 如果你因為雙方默契不足而陷入令人沮喪的郵件往返，那麼拿起電話，或者當面談談。電子郵件並不是一種適合微妙對話的工具，不該取代所有的交談。如果你認為話題有點敏感，或者對方可能會被你的郵件觸怒或冒犯，不要發信。和他們當面聊聊（甚至可以隨後再發一份摘要或確認電郵）。身為公司領導人，你應該盡到的最重要職責之一就是減少「FuD」因素，即恐懼（fear）、不安（uncertainty）和懷疑（doubt）。拿起電話或者和對方當面溝通將可以迅速澄清誤會。

9. 回覆一長串郵件對話鏈（conversation thread）時，把重點訊息拉到郵件的開端。讓收件人更容易迅速抓到你想溝通的重點。此外，如果你要開啟一封包含多個主題的較長的電郵，考慮給主題編號，讓收件人更容易了解和處理。

10. 不要使用電子郵件來管理你的任務或團隊的任務。請使用試算表或者共同任務管理、計畫管理工具的計畫清單。電子郵件不是追蹤工作進度的好地方。今天發生的事很快就會被今天晚一點發生的事給擠掉（更別提明天了）。網路或手機上的一些簡單又不貴的計畫管理工具可以讓你把你的公開行動項目加以條列、分類、區分優先順序並且分享。為了防止任務和後續工作發生疏漏，在這上面投資是值得的。

11. 了解你的前五位郵件收件人的偏好。把你的寄件備份夾按照收件人分類，選出你最常發信的五個人。這些人多半是公司團隊成員。詢問他們是喜歡泛（wide）郵件還是淺（shallow）郵件（也就是，在一封郵件中包含多個項目的群組郵件，或者針對個別事件單一主題的郵件）。他們的謝絕郵件干擾時間是什麼時候？他們不想被列入哪些信件的副本收件人？他們最喜歡你用電郵和他們溝通的前三件事是什麼？為了讓他們的生活更美好，他們希望你在郵件往返方面改變做法的三件事是什麼？然後反過來，和他們分享你的郵件使用偏好。

12. 在主旨中標示時間序列，方便你的團隊處理、尋找郵件。別再用空白主旨或者「嗨……」之類的無聊主旨了。你和你的團隊都應該利用主旨對郵件內容作簡單扼要的描述。這能幫助你即刻篩選郵件，並且便於日後搜尋。如果你轉寄郵件，別偷懶，重新輸入主旨，讓收件人易於了解，並且要求你的團隊比照處理。如果是內部郵件，記得在主旨開頭標示 1、2、3 緊急等級代號，讓你的團隊知道該如何處理該郵件。

第 3 章

步驟三：投資在少而精

為了讓事業得到令你滿意的發展，你必須專注在更少，但更為重要的事情上。重點不是更多——更多工作時數，更多努力，更多控制，而是更好。更好的決策、更好的專注力、更好的團隊合作。

少做點事，但要確保你做的都是重要的事。同時也要調整你的團隊，讓他們一起投入這些優先事項。為了盡全力讓你的組織持續擴展，你必須作出艱難的抉擇：要把團隊有限的時間、心力和預算資源投注在哪裡，以及哪些事情得暫時緩一緩。

因此，方程式的第三步驟是要你的團隊把最大的注意力放在少而精的事情上，也就是少數重大戰略、措施、機會、計畫、客戶、服務提供，或者一些能真正為你的公司帶來改變的工作。正如你依照 A、B、C 和 D 級來建構個人的時間價值模型，你的少而精事項屬於你組織中的 A、B 級活動，也就是一些為公司創造最大價值的東西。

醫療專家米雪・梅爾一直處於蠟燭多頭燒的狀態。身為堪薩斯醫療診所（KMC）——一個在全州擁有十多家診所和兩百名員工的繁忙多專科醫療機構的營運長，她經營著該地區最大的獨立機構之一，管理胃腸科、內視鏡檢查和皮膚科的診所、醫生、員工和患者，以及多間病理學實驗室和急診診所。另外她還負責這個有許多活動單位分散在全州的組織所有人力資源和規章方面的工作。

她的一天很漫長，但她知道工作很重要。他們各地的診所照料著共計數千名的病患。但讓她沮喪的是每天有太多雜務讓她分心，讓她無法去做那些可以讓她為機構貢獻最大價值的事。

「有時候我感覺自己一直在兜圈子，忙著處理診所的問題和爭議，但由於我的時間根本不夠用，我總覺得我解決問題的方式往往是治標不治本。另外，我知道我們有很多機會正在流失，因為我們沒有足夠的量能去追求。」

做為監督每家診所業務表現的主要人物，米雪一天中的大部分時間都在處理人事問題和呈報給她的各種診所緊急情況，需要她花數小時打電話或親自前往診所進行調查。以這種規模的多專科醫療保健事業來說，這是常有的事，但由於工作太繁重，她無法全心投入到那些最重要、最有價值的任務，儘管她每週工作七十多個小時。

「我的日子一天天飛也似地消失。急迫的問題一個接一個。到了週末，我所做的一切似乎只是原地踏步。我知道有些事情是我很想做的，可是這些事從來就不像問題排解那麼緊急，所以我一直不曾給它們足夠的時間。我常對自己說：『要是我有多點時間就好了……』」

事實上，米雪最需要的是一個架構，來幫助她確認並且專注在那些影響更大、讓業務更順利的少數幾樣事情上。她和她的上司，腸胃科醫生薛卡・查拉有著很好的夥伴關係，多年來，這使得他們成為該州最成功的多專科、跨地區的醫療團體之一。查拉醫生是一位滿腦子偉大事業構想、創意不斷的頂尖企業人才。他仰賴米雪去執行他發想的一個又一個絕妙構想。過去十年，事業規模還小的時候，這還行得通；兩人可說是最佳勝利組合。但如今他們不再是小規模企業，一天的時間已不敷使用，讓他們無法繼續執行查拉醫生的所有好點子，同時管理擴大後的醫療團隊。米雪常覺得疲於奔命，難以兼顧。

輪到你了：你呢？你會不會覺得自己經常得同時處理十幾件「最緊急」的事？或者你自己有明確的優先排序，但老是被你的公司或上司打亂？例如，就在你開始得到一點實質進展，恢復些許氣力的時候，突然又來了個緊急情況，要求你馬上轉移注意力？或者在最後一刻冷不防接到一個新案子，不得不硬擠出時間來處理？其結果就是，你老覺得自己付出更長的工作時間，忙著處理一長串不可能完成的任務，進度卻一直原地踏步，在你最有價值的計畫項目上沒有一點實質進展？

或者你很像查拉醫生，一個充滿創意的企業家，滿腦子新鮮點子，所有點子似乎都很可行。你是否努力想把心力投注在一、兩個絕佳構想，並且在特定時期加以落實？這時候方程式的第三步驟就派上用場了。它的意思是，既然你已經能每天持續回收好幾小時你的最佳時間，你必須把這些時間投入到你最重要的計畫、措施和活動上。此外，你需要一個戰略架構，來讓你的整個團隊密切合作，為公司的最高價值活動效力。

大約五年前，查拉醫生讀了我的上一本書《創業讓你更自由7原則》（Scale），書中有些東西讓他很有感。他找上我的辦公室，於是我開始輔導他和米雪。經過最初的幾次輔導課程，有兩件事非常清楚。首先，查拉醫生很聰明。不只是身為醫生的聰明，而是充滿點子、獨創性、創業精神的聰慧。他大部分的商業構想不只是聽起來，而是真的非常出色。難怪他能夠把自己的事業擴展成為該州最成功的醫療團體之一。但同樣明顯的是，他們成長得太快，以致於米雪再也無法獨力執行他的所有構想。除了米雪，他們需要培養、訓練一個真正的領導團隊，這也讓我得到第二個再清楚不過的體悟。

儘管查拉醫生和米雪都很精明幹練，但他們欠缺一個戰略架構，來讓他們可以把每季的工作重心縮小到較易於管理的少數幾個優先事項上，而這些事項都是他們實際上想要完成的。因為查拉醫生創造了那麼多機會，因此有個架構來過濾這些構想變得格外重要，能確保他們採用的少數幾個想法是最優的。我和米雪、查拉醫生合作的第一步便是給他們一個戰略架構，幫助他們確認他們公司的少而精事項，然後把這份體悟濃縮成每季一頁的行動計畫表。

咱們來看看**你**可以如何採取同樣的做法。無論你是掌管整個企業，帶領一個單位或部門，還是管理一個專業小團隊，想像一下，當你和你的團隊將你們的最佳時間、心力和資源投入到最大的機會和計畫上，將是何等的力量？我保證你會發現，我和你分享的，將一整季工作重點濃縮為一個頁面的簡單架構，是那麼易於使用，它將成為你公司內部的每季最佳實務。

十多年前，我的公司茂宜企畫顧問公司也曾面臨同樣的抉擇。當時我們有三個主要的利潤中心，全都急需資源。首先，我們有現場培訓部門，每年直接和數千名企業領導人合作。然後我們有企業輔導計畫，和企業主以及他們的高階主管進行一對一的合作。最後，我們有一套有效的線上培訓課程服務系統，可以直接銷售給企業家和公司。我們能不能把這三條服務線全部保留？當然，但這麼一來我們的力量就分散了。當時我們還只是一家年銷售額不到五百萬的小公司，欠缺足夠的資源同時兼顧這三項業務。

經過審慎考慮，運用本章介紹的找出組織中的最佳槓桿點（leverage point）的相同工具，我們決定把重心放在發展企業輔導計畫。我們將現場培訓和線上課程的精華元素融入到企業輔導計畫中，大幅提高了它的價值和可擴充性。總之，我們切斷了現場培訓以及直接銷售給客戶的線上培訓課程業務的所有投資，轉而強化我們的核心企業輔導計畫的推廣和宣傳。這戰略得到了回報，帶來連續多年的兩位數年增長率。

該是找出你組織中的少而精事項的時候了。我們將以三個階段來進行。首先，我會要求你確認你的最高事業目標。你的公司、部門或團隊努力推動的一項最重要的工作是什麼？接著，我將告訴你如何進行進行 S-O-O-T（優勢 Strengths－障礙 Obstacles－機會 Opportunities－威脅 Threats）評估（S-O-O-T Review™），來選擇可以實現你的最高事業目標的最佳戰略。最後，我將介紹你一個稱為「甜蜜點分析」（Sweet Spot Analysis™）的靈活工具，幫助你選擇最高槓桿戰術，來推動你的戰略，實現你的最高目標。那就開始吧。

階段1：確認你的最高事業目標

花十五分鐘弄清楚你正努力建立的事業。這份事業的最高目標是什麼？在未來三到五年當中，你打算傾全公司之力達成的一個目標是什麼？問自己：「未來三到五年內我們將致力於建立什麼樣的事業？」從兩個面向來回答這問題：質與量。

量的方面：從可以衡量和計算的角度來看，未來你的事業會是什麼光景？你的年銷售額是多少？年交易量是多少？市場佔有率？每個顧客的平均銷售額？你的利潤率是多少？營業利潤率？客戶保持率？每個員工的銷售額？挑選三到五項最重要的定量方式，來描述你未來的事業。

質的方面：你的事業在其他方面——不容易衡量或計算，但仍然非常重要——會是什麼光景？你的主要客戶是哪些人？你的品牌是什麼？你們的市場聲譽如何？你的團隊中有誰在協助領導業務？你們服務哪些市場？你們提供哪些主要產品或服務？你們對客戶的生活有什麼影響？你未來做為企業領導人的角色是什麼？挑選三到五項最重要的定質方式來描述你未來的事業。

把你對未來事業的最重要的定量和定質描述結合為一個單一目標，然後將這幅願景不斷刪減，直到你得到一個精簡、清晰的主張，可以引導你的公司或團隊未來幾年的工作方向。下面是一個描述最高目標可能是什麼樣貌的例子：

到了二〇ｘｘ年十二月三十一日，我們已將 Growth Inc. 公司打造成一家擁有三千五百萬年銷售額、兩成營業利潤率的繁榮企業。我們已經深入到四個不同的垂直市場，沒有一個垂直市場或客戶佔有我們業務的三成以上。我們持續以一成五或更高的複合年均增長率成長。

或者：

在兩年內，我們部門的總收入增長到十四億，營業利潤率達到兩成五或更高。在這期間，我們成功推出了「老虎平台」，而且建立了超過百萬的有效授權用戶群。

當然，你的最高目標取決於你的產業、事業形態和各種目標。關鍵在於，你必須得到一個精簡的主張，來描述你的整個團隊致力於達成的單一目標。

順便一提，因為你花了十五分鐘時間，從量和質的方面確認了你打算建立的事業，你已經完成了另一個可以幫助你實現目標的要件——你草擬了你的企業記分板。（你還以為你只是紙上談兵！）你有了一份列出了你的主要事業目標的各種重大變數的詳細清單。這些是你起碼每季都要衡量的變數[7]。例如，看看之前我所舉的第一個最高目標案例，Growth Inc. 公司的企業記分板將會追蹤公司的銷售總額、營業利潤率、他們進入的垂直市場的數量和深度，還有每個客戶和垂直市場所佔的銷售總額比率，以及公司的年增長率。

現在你已經清楚公司的最高目標，接下來你得擬定最佳戰略，來達成此一目標。

階段2：進行 S-O-O-T 評估

S-O-O-T 評估是一種組織化方式，可以用來確認，相對於它的最高目標，你的事業目前所處的位置（見下頁）。這個工具能幫助你列出幾個重大里程碑，進而為公司制定達成最高目標的戰略。以下是四個評估要素：

優勢：你最後選擇的任何戰略都仰賴於你擁有的優勢。牢記你公司的最高目標，你可以用來達成這目標的五大優勢是什麼？

障礙：每個重大障礙都是一種啟示，告訴你事業的下一步該怎麼走。目前阻礙你的公司達成最高目標的五大障礙是什麼？當你在這個框架中看它們，障礙將成為墊腳石，幫助你越過橫溝，從原來的地方跨到你想去的地方。

機會：機會是你贏得商業競爭的關鍵。你的公司追求的三個有助於你達成這目標的最大機會是什麼？一個指導戰略原則是，把你的最佳人力和資源用在爭取最大機會，而不是浪費在排解問題上頭。

威脅：可能對你的事業造成無可挽回的損害的三大威脅是什麼？檢視一下這些萬一出了錯可能會害你破產的因素：有害的市場趨勢，破壞性的競爭對手，政府法規的改變，甚至是某個重要客戶或供應商的流失。重點是現在就採取簡單、

7 原註：你可以到 www.FreedomToolKit.com 網站下載本章討論的戰略計畫工具的四頁 PDF 免費版本。詳見附錄。

積極的措施，來緩和日後的危害。很可能有一天你會說，「為什麼我沒趁著還來得及的時候採取行動？」或者，「真慶幸當初我作了防範措施。」

五大事業優勢

1. ____________________
2. ____________________
3. ____________________
4. ____________________
5. ____________________

五大事業障礙

1.

2.

3.

4.

5.

三大事業機會

1.

2. ＿＿＿＿＿＿＿＿

3. ＿＿＿＿＿＿＿＿

三大事業威脅

1. ＿＿＿＿＿＿＿＿

2. ＿＿＿＿＿＿＿＿

3. ＿＿＿＿＿＿＿＿

要記住，S-O-O-T評估必然和特定目的或目標相關。也就是說，你是依據你的最高目標來進行審查的，因此，發揮你的洞察力，以便規劃出可以達成某個特定目標的路徑。這個工具能幫助你集中注意力，找到最好的努力方向。

那麼，對你的公司或部門來說，達到最高目標的最佳策略是什麼呢？最好的策略有三個共同標準。首先，它們必須穩穩立基於你的一個或多個主要優勢。只有當你根據自己的強項來制定戰略，你才可能獲得成功，所以一定要檢討戰略，並且問自己這個關鍵問題：這個戰略的成功，有賴於我們的哪些優勢？如果說為了讓你的策略奏效，你必須依賴一些你不具備的條件，而你又無法購買、建立或用其他方式來獲得它，那麼我強烈建議你選擇別的策略。正如頂尖運動員努力發揮自己的長處，一流公司也總是致力於表現自己的強項。

第二，最佳策略必然能為你爭取重大的機會。每抓住一個重大機會，便是能讓你得分並且贏得比賽的一次進攻。也許是針對特定產品、服務線、市場利基或運送策略的巨大投資。重點是，任何成功的策略都必然能幫助你抓住一個有可能產生重大成果的絕佳機會。

第三，最佳策略可以減緩你最嚴重的事業威脅，或者讓它變得無足輕重。例如，如果你的最大威脅之一是，你的業務有五成八來自同一名客戶，但你的戰略符合第一、第二項標準，那麼理想情況下，它將幫助你發展其他的客戶關係，如此一來你就有了一些可以防止這個巨人客戶流失或減少的保障。

階段 3：找到你的甜蜜點

目前讓你的公司難以成長的最大限制是什麼？哪一種要素是你希望擁有更多，以便幫助你的公司大幅成長的？

雖然每個企業都有多項限制因素，但每個企業都有一個此時此地抑制它成長的最重要限制因素（Limiting Factor）——最主要、最根本的一個。打破最大的限制因素是讓公司成長的一個重大槓桿點。讓你的事業得到發展的一個簡單方法就是，找到當前的限制因素，並且逐季把它破除。

你越是能更準確地找出你的限制因素，就越能有效地把它破除。舉個例，如果你認為你的限制因素是現金流，你可能會想到十幾個辦法來改善它，但其中有些可能會適得其反，因為你對限制因素的初步診斷過於廣泛。你的現金流問題，是不是銷售量過低，而核心管理支出費用過高引起的？如果是這樣，你就得盡速想辦法增加銷售量，或者縮減核心管理開支。或者，你的現金流問題的起因是銷售了錯誤的產品或服務組合？換句話說，是定價或者毛利潤出了問題？或者，其實是你的收款政策有問題？在你急著擬定辦法來「解決」你的限制因素之前，你得先審慎、精準地確認你的診斷。

以下是本方法在現實世界的運作方式。

我曾經為 Skylink 執行長奈特．安格林進行輔導。Skylink 是一家備有二十五萬個零組件的飛機供應鏈零件批發公司，總部在佛羅里達，此外在智利、英國、杜拜和印尼都設有分公司，是第二代家族企業。採購飛機備用零件的世界相當曖昧不明。這家公司銷售數十萬個零件，都是它從數千家沒有定價中心的公司採購來的。這也使得零件的尋找、定價和銷售成為繁複而耗時的過程，需要判斷力和技巧，而且在許多情況下還要有犀利的談判技巧，才能獲得有利可圖的價格。

在一次輔導課程中，奈特說了一句話，那也是多年來我常在我認識和輔導的上千位執行長口中聽到的話：「大衛，我們有太多機會可以擴展業務，我怎麼曉得該把重心放在哪一項？」

我給奈特的建議是回到基本面。我們的對話大概是這樣的：

問題：在接下來的六到十二個月當中，你所面臨最大的限制因素是什麼？目前阻礙你們成長的一個最主要的因素是什麼？

奈特：被你這麼一問，我不得不說，我們欠缺的是銷售量能。我們每週都會收到大量的詢價單（RFQ），我的銷售和客戶管理團隊都拚了命想達成必須回覆的報價量。

所以，看來我們的確需要提升我們的銷售力。

我對過於簡單的答案向來存疑，因此我催促他談得更深入些：

問題：等等。在深入討論這個限制因素的解決方案之前，我們得先確認一下，你認為真正的問題是什麼。你剛才說，你的公司每週都會湧入大量詢價單，你們沒辦法全部予以回應。老實說，Skylink 真正的限制因素聽來似乎是，目前你們沒有最大化你們的詢價單潛在客戶開發能力。這麼評估正確嗎？

奈特：正確。

問題：太好了，那麼我們是不是該動動腦，想出各種不同的方法，來幫助Skylink把每週收到的詢價單潛在客戶流作最充分的利用，好讓銷售量快速、有利地成長？

注意到最後一個問題的細微變化了嗎？我發問的方式，是為了讓我和奈特能夠就妨礙Skylink成長的最大限制因素進行甜蜜點分析。

輪到你了：目前你的公司最大的一項限制因素是什麼？只要你們擁有更多，就能享有公司最大成長或收益的一項要素是什麼？一旦你對眼前的限制因素有了清晰的診斷，我們就可以開始擬定最高槓桿戰術，來打破這個限制因素。在我公司，我們發展出由三部分組成的甜蜜點分析工具（見下頁）來幫助你達成這點。

首先，腦力激盪出一個清單，列出所有可以打破限制因素的點子。不要滿足於五、六個，盡可能想出至少十個——十五到二十個就更理想了。例如，如果你的限制因素是不良的收款政策所造成的現金流問題，那麼你的點子清單可能包括：

甜蜜點分析工具

立可摘果子：成功率高、容易實施的解決方案
全壘打：一旦成功將帶來巨大影響力的解決方案
甜蜜點：既是立可摘果子也是全壘打的解決方案

熟果子
甜蜜點
全壘打

我們的最大限制因素是……
不良收款措施加上遲付客戶過多造成的現金流問題

打破此一限制因素的腦力激盪點子：	LH	HR
1. 根據歷史付款記錄將現有客戶分成A－B－C三類。	☑	☐
2. 將「C」類客戶移入每週付費計畫。	☐	☐
3. 將「C」類客戶剔除。	☑	☐
4. 更新合約，讓客戶吸收所有合理的收款成本。	☑	☐
5. 斷絕遲付客戶，直到他們的帳戶恢復往來。	☑	☑
6. 建立書面信用政策，規定誰能享有付費服務，誰必須預付款項。	☐	☐
7. 雇用資深收款專家，讓他們包辦催款電聯及後續事宜。	☐	☑
8. 讓業務人員協助收款，只在收款任務完成後才能拿佣金。	☐	☐
9. 製作現有收款程序的流程圖，並加以重新規劃。	☑	☑
10. 每週檢討兩次行動報告（A/R）。	☐	☐
11. 聘請催帳律師，積極追查 91 天以上的呆帳。	☐	☐
12. 超前部屬取款作業，以求收款更迅速。	☑	☐

迷你行動計畫	執行人	執行期限
解決方案 1：重新規劃收款流程		
☐製作現有的流程	提姆	1-21-xx
☐從頭開始規劃最佳流程（超前部屬收款作業）	提姆	2-7-xx
☐將新流程系統化並訓練員工使用	提姆	2-28-xx
☐推出新的收款流程	提姆	3-5-xx
解決方案 2：停止對遲付客戶的服務直到其帳戶恢復往來		1-15-xx
☐確認要斷絕哪些遲付客戶直到其帳戶恢復往來。	李	1-31-xx
☐將警告、斷絕和恢復遲付客戶的時間定型化。	李	2-15-xx
☐訓練員工熟悉新政策。	李	2-28-xx
☐推出政策。	李	3-31-xx
☐實施正式查核以改善政策的落實。	李	

- 提前收取更多或全部款項。
- 激勵你的客戶快點付款。
- 強化收款系統，加快開帳單的速度，並且更有效地收費。
- 制定明確的信用政策，確定誰可以、誰不可以延長信用期。
- 向慢付客戶收取費用，由他們來吸收較慢收款所需的成本。

你明白了。重點是逼自己盡可能想出多一些能幫助你打破限制因素的點子。而最好的辦法就是盡量丟出任何潛在的想法。

接下來，透過兩個篩檢器——我們稱之為立可摘果子篩檢器，和全壘打篩檢器——來處理你想出來的潛在戰術清單。立可摘果子指的是一個你有十足把握會成功的輕而易舉的機會。雖然它產生的影響力可大可小，但是施行起來十分簡單，你有非常高的信心它會成功。另一方面，全壘打代表的是一個只要進展順利，將為你的事業帶來巨大回報的機會。

逐一檢視清單上的點子，問自己，這個戰術屬於立可摘果子嗎？倘若是，就在「ＬＨ」（Low-Hanging Fruit）欄打勾。

接下來，在第二輪篩檢中，逐一檢視腦力激盪清單上的每個點子，問自己：這個戰術屬於全壘打嗎？如果是，就在「ＨＲ」（Home Run）欄打勾。

你要尋找的是，既是立可摘果子又是全壘打的戰術。這些也就是我們所說的

「甜蜜點構想」：能夠打破你的限制因素的最高槓桿戰術。立可摘果子是成功率高、容易實施的解決方案，全壘打是一旦成功將帶來巨大影響力的。你的甜蜜點便是你應該優先把公司資源投注在上頭的絕佳選擇。

最後，既然你已經確認你的甜蜜點戰術，接著要把它們轉化為迷你行動計畫，來決定該由誰在何時做些什麼。[8]

現在回頭來看奈特和 Skylink 公司。記得吧，Skylink 的限制因素是銷售量能不足，無法充分開發現有的每週詢價潛在客戶流。奈特和我腦力激盪時，我們想出許多點子，像是雇用更多銷售人員，將報價流程設計得更有條理，讓銷售團隊能用更少時間爭取更多報價機會，雇用更多採購專員，讓他們在報價過程中發揮議價長處，甚至包括建立一個產品採購平台，讓它成為一個客戶和供應商能直接聯繫的真正的定價中心。有了點子清單之後，我們用立可摘果子篩檢器檢查每一個點子，問：這個構想是不是成功率高而且容易實施？接著我們用全壘打篩檢器，問：如果這個構想成功，會不會帶來巨大影響力？

想知道勝出的是哪一個點子？不是上面提到的那些，因為它們要不是立可摘

8 原註：我們將在本章後文討論「行動計畫」（Action Plans）。你可以下載本工具的空白 PDF 版本，作為你從本書獲得的「自由工具包」的附贈品。這是我們的企業培訓客戶最喜歡用於公司團隊的工具之一。請至 www.FreedomToolKit.com 網站下載。

果子就是全壘打，沒有一項同時符合 Skylink 需要的兩個要件。最後我們選擇的甜蜜點戰術是，建立一套篩檢系統，詢價單一進來就迅速給予評分，這麼一來，奈特的團隊便可以忽略低價值的報價機會，把最佳的銷售力投注在最高價值的潛在客戶身上。

奈特和他的得力手下建立了一套基於兩個變數的簡單評分模型：歷史捕獲率（意思是，過去的報價有多少百分比導向這名潛在客戶的實際購買），以及過去這名客戶每年產生的毛利潤。

基本上，Skylink 抓住一點，就是並非所有的詢價單都具有同等的重要性。奈特的團隊作出一個戰略性決策，把他們的銷售重心放在最優的潛在客戶身上。這個策略利用了幾乎要把他們淹沒的潛在客戶流。根據這兩個變數對潛在客戶進行評分，讓他們的銷售團隊可以迅速篩選，甚至忽略年毛利潤太低的潛在客戶的資料，這些客戶的捕獲率非常低（往往低至 2％～4％）。相反地，團隊可以將他們最好的銷售力量，重新投入到那些捕獲率高達三到四成的客戶身上。後面這些客戶為 Skylink 帶來的年毛利潤往往是最低等級客戶流的十倍之多。

Skylink 花了一年時間，把這項新措施有效地融入銷售團隊的日常工作流程。他們需要做的還有改變銷售資料庫和客戶關係管理（CRM），以便銷售團隊能得到更快、更清楚的潛在客戶評分；以及重新訓練他們的銷售團隊改變慣性行為，轉而將時間花在最優的潛在客戶身上，只用剩餘的時間去處理低質量的潛在客戶；以及調整銷售業務的分配，確保最好的客戶資料交到最優秀的銷售人員手上；同時對那些低價值詢價客戶採取半自動回應的方式，來減輕團隊回應安全定價的人力負擔。

結果呢？實施這戰略之後僅僅十二個月，Skylink的毛利潤增長了四成，淨收益增長了六成，沒有雇用額外的銷售人員或投資更多行銷費用。光是透過將最好的人才和心力投注在一個甜蜜點解決方案——客戶評分。他們大幅提升了公司利潤，這正是實際運用「少而精」原則的精髓所在。

因此，如果你不知所措，難以在大堆潛在機會和想法當中作出抉擇，我會給你同樣的建議：回到基本面，找出阻礙你達成重大目標的最大限制因素。腦力激盪出可以打破這個限制因素，並且達成目標的所有辦法。然後檢視你的點子清單，應用兩個甜蜜點篩檢器。這些點子當中，哪一個是立可摘果子？哪一個是全壘打？你的清單一下子變短了，不是嗎？

萬一你的甜蜜點分析得出的甜蜜點構想不止一個？放心！實質上，任何一個甜蜜點構想都是絕佳的選擇，因為它是一個成功率高、容易施行（立可摘果子），同時又能產生極大效果（全壘打）的點子，你必須做的就只是在一號絕佳點子和二號絕佳點子之間作選擇，橫豎你都贏，穩操勝算。

確定前提，更聰明地下注

在你匆匆執行你所選擇的構想之前，再花五分鐘進行一個簡單的步驟。問自己：要讓這個構想成功，需要有哪些前提作為條件？換言之，停下來，在紙上概略地列出，為了確保你的甜蜜點構想能成功，有哪幾個重大前提必須先確立。

以奈特的例子來說，他的甜蜜點戰術有三個和他的構想能否成功息息相關的重大前提。首先，必須實際上有一個清楚的模式，讓 Skylink 可以把他們收到的所有或大部分潛在客戶資料分成幾個明確、可操作的潛在客戶群。如果沒有一些讓他的團隊可以據以精確地為詢價客戶評分，以便找出最高價值客戶的重要變數，那麼這個構想就不會成功。第二，這個潛在客戶評分策略是假定他的銷售團隊能發展出一種可行的方法，來針對這些篩選出來的潛在客戶採取行動，把他們的最佳銷售能量投入到最佳銷售機會當中。第三，奈特假定，一旦把他們最好的銷售能量投入到最好的銷售機會中，不只 Skylink 的銷售額會增長，同時也將提高利潤。

這三個假設對奈特和他的團隊來說似乎都很切實可行，但是透過明確的書面確認，他們有機會在冒險投入過多資源之前，停下來看看他們的構想是否真的行得通。如果他們覺得這些前提當中的一項或多項並不成立，他們又會怎麼做呢？他們會另闢蹊徑，或者，就算他們真的去執行，也會格外謹慎，一路上小心留意，以便必要時可以在虛耗太多力氣之前及早收手。

透過停下來以書面形式自問自答——甜蜜點戰術若要成功，必須先確立哪些前提，你便進入了必須時時保持警惕、成功可能性大增的計畫和執行階段。花五分鐘來問答這個額外的問題，很可能會為你和你的團隊省下數百甚至數千小時的執行時間。這正是價值經濟的精髓：運用智慧和戰略頭腦，而不光是苦幹。

建立滾動式的一頁式季行動計畫表

你已經清楚團隊的最高目標，進行了 S-O-O-T 評估，並且完成了甜蜜點分析，現在該是制定你的一頁式季行動計畫表的時候了。為什麼是每季呢？因為季是一個可以將你的重點目標和每週計畫、每日行動串連起來的完美時間單位。它夠長，讓你可以完成重要的工作，以便更接近你的長期目標，但也夠短，你可以保持工作重心，經常調整方向。

重點是：現在你要在**一張紙**上勾勒你的季行動計畫。十多年來，我們一直鼓勵我們的培訓客戶遵循一頁的行動計畫格式。為什麼是一頁，而不是兩頁或二十五頁？因為，根據過去輔導數千名企業領導人的經驗，我們發現，在繁忙的日常工作中，如果你的計畫書長達兩、三頁（或更多），你就不會每週都拿它來檢討你的執行狀況。如果只有一頁，你一眼就能看到你的完整計畫。你每週都會複習一下，把接下來的行動步驟放進你的每週任務清單。（同時也方便你審查主要員工的單頁季行動計畫表，每週考核他們的工作進度。）大體上，你的一頁行動計畫表也就是你的每季、每週導航系統，用來確保你的團隊把工作重心放在正確的事情上，並且按時達成進度。不妨把它看成一種可以凝聚你的團隊傾全力進行最重要任務的視覺上的信號。它是一張指示你的團隊該在哪裡投注他們的最佳自主時間、才幹、心力和金錢的書面分配圖。它將幫助你的團隊全心投入重大優先事項，讓每個人更妥善地管理自己的職責，為企業的真正需求作出更多貢獻。（見下頁）是一個行動計畫表範本。[9]

傳統觀點認為，你的戰略計畫就是你寫下答案的地方；它是一個用來達成你的重大事業目標的不可動搖的計畫。理論上，這聽起來不錯，甚至很誘人——一份簡單的文件，包含了一個集結你的資源、順利實現你的目標的秘密計畫。可惜，在現實的商業世界中，情況並非如此。

如果說我多年的經營公司和輔導高階企業領導人的經驗教會了我什麼，那就是：**你的戰略計畫絕不是寫著固定答案的地方；相反地，它是一個可靠的流程，包含了一些當你在成功之路上反覆顛簸，每季都要一項項問自己的一些富有挑戰性的問題。**你會問一些強有力的問題，探索可能的答案，在市場上測試這些答案，並且每季都樂意（容我說，熱切地）挑戰這些試驗性的答案。

9 原註：想為你的公司建立一頁式行動計畫表，請至 www.FreedomToolKit.com 網站下載免費範本。

焦點領域一： 增加生產量	行動步驟 / 里程碑	執行人	執行期限
成功指標： • 我們提供核心服務的書面流程。 • 可以讓我們增加一成五以上生產量的甜蜜點分析報告。 • KPI（關鍵績效指標）：每個服務團隊每個工作日產生收入。	☐ 列出現有「生產」系統，確認最大的流程限制，執行甜蜜點分析以增加最大產能。	卡羅斯	1-15-xx
	☐ 評估甜蜜點構想，選出最佳構想。建立實施計畫。	卡羅斯	1-31-xx
	☐ 正式查核 #1：觀察心得？哪裡有效果？需要作哪些調整？更新計畫。	卡羅斯	2-21-xx
	☐ 正式查核 #2：觀察心得？哪裡有效果？需要作哪些調整？更新計畫。	卡羅斯	3-15-xx
	☐ 季末檢討工作狀態——取得經驗並計畫將生產系統改進為下一季的 2.0 版。	卡羅斯	3-30-xx

焦點領域二： 聘用一名頂尖行銷總監	行動步驟 / 里程碑	執行人	執行期限
成功指標： • 關於職務和人選的書面化清楚描述。 • 將人選條件精簡為「五個必須」並根據這些特定項目聘才。 • 準備到職計畫，讓新員工順利融入公司。 • 事後正式彙報執行狀況，改進招聘程序以供未來使用。	☐ 建立書面職務描述和人選條件概述，將本職務條件精簡為「五個必須」。將兩者與主要相關人士評估。	蒂娜	1-15-xx
	☐ 建立書面的人才招聘作戰計畫。	蒂娜	1-21-xx
	☐ 推出招聘方案。	蒂娜	1-31-xx
	☐ 推動遴選程序，挑出最後人選。	蒂娜	3-7-xx
	☐ 為這位新員工建立到職計畫。	蒂娜	3-15-xx
	☐ 聘用勝出的新員工，推動到職計畫。	蒂娜	3-30-xx
	☐ 正式彙報執行過程。什麼效果最好？我們能如何改進招聘程序以供未來使用？根據這次經驗更新招聘流程。	蒂娜	3-30-xx

焦點領域三： 增加客戶保持率	行動步驟 / 里程碑	執行人	執行期限
成功指標： • 完整的留客率分析，確認 1–2 個最大「落點」（drop point） • 組成老虎團隊，讓他們實施甜蜜點構想，來增加留客率。 • 事後正式彙報執行狀況，並建立 Q2（第二季）計畫，以繼續改進留客率。 • KPI：留客率。	☐ 分析現有的留客率統計數據和落點。和留客率老虎團隊分享結果。	馬庫斯	1-15-xx
	☐ 進行增加留客率的甜蜜點分析，選擇 1、2 個勝出構想並建立實施計畫。	馬庫斯	1-21-xx
	☐ 正式查核 #1：觀察心得？哪裡有效果？需要作哪些調整？更新計畫。	馬庫斯	1-31-xx
	☐ 正式查核 #2：觀察心得？哪裡有效果？需要作哪些調整？更新計畫。	馬庫斯	3-7-xx
	☐ 和領導團隊分享結果以及下一季正式留客率作戰計畫。	馬庫斯	3-15-xx

每一季，你和你的領導團隊都要找時間暫時脫離日常業務，具體勾勒出接下來九十天的工作藍圖。你將列出下一季的三大戰略重點，並寫下一份簡單的一頁行動計畫，明確描述你在該季為了擴大、發展事業所必須做的事項。在一季當中，你將把團隊的最佳自主時間投入到你選擇的焦點領域，並且努力執行你的行動計畫。在季末，你將評估你的工作成果，慶祝你的勝利，同時記取經驗。接著你要規劃下一季的工作。假以時日，當你一季接一季重複這過程，你將積聚動力，享有多重成果。

這過程之所以如此有效，是因為它促使你和你的團隊每一季都重新審視你們的業務，同時也讓每個人有時間在明顯優先的焦點領域（Focus Area）中取得重大進展。如果沒有這個明確的架構，太多企業領導人經常改變他們的工作重心，他們的團隊被弄糊塗了，對太多變化感到不知所措，而且沮喪，因為，往往在眼看就要完成一件大事的關頭，領導人又一次改變比賽場域，迫使他們提早放棄企劃，白費許多工夫。那些每月（甚至每週）改變團隊任務的企業主也許只是沉迷於變化帶來的刺激感，或者誤以為這會增強他們的掌控力。正好相反，應該每季一次，退一步確認你的優先事項和資源分配，才是最聰明的做法。

進展順利的話，你的每季九十天衝刺將會為你的企業帶來兩大好處：一是經常有機會去改變和適應，二是保持有紀律地執行既定優先事項的動力。這過程給了米雪一個架構，可以在一個固定的人人責任分明的層次上，和她的整個團隊有效地溝通他們需要做些什麼。整體而言，它能幫助組織更快速地獲得成果。

簡單三步驟，建立你的一頁行動計畫表

每一季，我們都會引導我們的企業培訓客戶透過一種簡單的三步驟過程，來建立屬於他們的季行動計畫表。久而久之，這想法逐漸內化，而制定下一季的行動計畫也變得更加容易。理想情況下，你會讓你的主要團隊成員參與這工作。關於這點，我將在第五章「讓你的團隊參與」進一步討論。現在就開始吧！

步驟 1：為這一季挑選三大焦點領域

你的焦點領域就是你的企業在下一季要特別關注的三個最重要的領域。當然，你仍然需要處理事業中的日常運營需求，但你的焦點領域是你決定在該季投入一部分最佳資源的領域，因為它們將幫助你擴展事業，達成重大目標。

潛在焦點領域：

- 增加潛在客戶流
- 改善銷售轉換系統
- 加速收款週期
- 進行特定的人員招聘

- 開發新產品
- 推動一個重大企劃

為什麼要局限在三個焦點領域呢？因為九十天一下子就過去了，如果任務太過分散，你會發現你每件事都只做了一部分，無法扎實地完成幾件能真正產生價值的重要工作。你也知道，多不如精，尤其是你得實際去完成的。

步驟 2：為你的焦點領域設定成功指標

現在你已經選好下一季的三個焦點領域，一定迫不及待想馬上設定行動步驟吧。別急，先停下來，確認一下每個焦點領域的成功指標。本季你需要在這個焦點領域完成哪些工作，才算取得成功？你實際上能**觀察**、**衡量**到的成功指標有哪些？這能提供你一個測量進度的明確標準，清晰描繪出這個焦點領域在本季的成功樣貌。

為了把行動計畫精簡成一頁，你得為每個焦點領域選擇三到四個明確的成功指標，包括一項你必須追蹤的關鍵績效指標（KPI，Key Performance Indicator）。一旦你手上有了書面的成功指標，步驟 3 就簡單多了。大部分的行動步驟都清楚顯示在你的成功指標中。例如，如果你的焦點領域是為你的商展策畫團隊建立一個新商展的參展廠商系統，那麼你的成功指標可能會包括以下幾項：

●列出一份詳細的主展位核對表（1.0版）。
●建立一份展位搭建步驟和展場平面圖表／圖片。
●建立一份明確的裝運流程和供應商聯繫文件。
●建立一份用來儲存每次展出的線上參展廠商重要資料、合約和通訊方式的範本。

懂了吧，一旦你定下實際而明確的成功指標，你的主要行動步驟就非常清楚了。你在本季的行動計畫將包括以下步驟：

●草擬一份主展位核對表，交給商展策畫團隊去審查。
●評估策展團隊意見之後，更新主展位核對表1.0版。為策展團隊建立反饋迴路（feedback loop），讓他們可以蒐集該核對表的更新資料，在本季第二次商展後進行評估，以建立2.0版。
●策展團隊到芝加哥 XYZ 商展拍攝展位布置及完工照片，交給執行團隊參考。
●其他。

再舉個例子。假設你是一家大型服務企業的行銷副總裁，你在本季的焦點領域之一是「建立向一個垂直市場提供新的 Bolero 服務的銷售測試計畫」，那麼你的成功指標可能會包括：

● 確認主要服務要素及其價格，以及Bolero的每個元件在該市場中的相對認知價值。

● 蒐集關於競爭對手、有利我方爭取市佔率的顧客轉換成本，以及進入市場必須面對的主要障礙等市調資料。

● 建立書面的用戶驗收測試（beta-test）計畫，以便對垂直市場試售兩個版本的Bolero；計畫內容包括主要前提、用來測量和追蹤的關鍵變數，以及內置的正式評估步驟。

● 其他。

你或許會說，「可是大衛，當我看到你寫的成功指標，似乎每一項本身就是一個行動步驟或里程碑，或者將會分成幾個行動步驟或里程碑。」沒錯！當你弄清楚你的成功指標，不妨想像已經到了季末，而你看到的是你在這個焦點領域完成的一些真正可測量、觀察的明確事項。什麼情況會讓你覺得你在這一季的焦點領域取得了成功？從上個季末就開始定義成功的樣貌，你的行動步驟和途中的路標就很清楚了。（注意，我說清楚，沒說容易。）

步驟 3：列出本季的主要行動步驟和里程碑

最後一個步驟是，設定為了達成下一季的每個焦點領域的成功指標，所需要的行動步驟和里程碑。把每個焦點領域分成三到七個行動步驟和里程碑。你的計畫必須夠詳細，才能引導你的行動，但又不能細瑣到讓自己不知所措或者迷失在細節中。

針對每個行動步驟，指定一名特定的團隊成員，負責在特定日期完成該步驟的執行工作。你當然可以讓多個人去執行一個或多個特定步驟，但是你需要派一個人全權負責該步驟的順利完成。這個人將「承擔」（own）這項任務。這種責任歸屬的指派太重要了。如果一開始就不清楚負責人是誰，萬一任務失敗就很難究責了。

在這架構下，任何接下任務的人並不需要親自去做所有工作，而只要能確保任務圓滿達成就可以了。假以時日，當你對這種計畫過程變得熟練，可以讓你的每一位得力手下建立他自己團隊的一頁行動計畫表。他們的行動計畫是他們的單位、部門或團隊的目標以及企業整體的重大優先事項之間的連結。這將協調、整合他們所有的努力，獲得更強大的成果。

米雪分享：「在堪薩斯醫療診所，一開始我們只做公司的行動計畫。等我們對於計畫的制定和執行累積了一些經驗，我們就把這做法介紹給公司的幾位重要主管，讓他們每一季制定自己團隊的行動計畫，每一份單頁計畫都能融入我們公司整體的行動計畫。這幫助我們獲得了大幅成長，並且讓所有部門合作無間。」

超值小秘訣：五種最佳行動計畫表運用術

1. 別把一季任務塞得太滿。你可能會急著在一季的前兩個月完成所有的行動步驟和里程碑。要忍住這種誘惑。這種狀況我看得太多了。你會把十六個行動步驟的執行期限排在一季的第一個月，六個排在第二個月，第三個月半個都沒有。可想而知，你會一直處在不堪負荷的超載狀態。你卡在那裡，而且八成會拿這當藉口，說：「唉，那些期限我全錯過了。管他的，我繼續做我的，不管計畫表了。」這就像採取一種激進節食法，然後，萬一哪天你搞砸了，就兩手一攤說：「算了，我不如想吃什麼就吃什麼吧。」盡量用務實的觀點去看究竟什麼是切實可行的。調整每一季的步調，好好計畫，取得平衡，以免第一個月的工作擠爆。

2. 別拖到最後一刻才做。這個警告是提醒你避免和塞滿一季工作完全相反的情況。把所有工作期限排在季末是造成嚴重拖延的不二法門，而且最後極可能無法達成你的目標。一季的開始到正式交付工作日期之間的時間拉得太長了，很難及時追究責任。當我看到客戶為一季的最後一天設定太多工作期限，我馬上料到會發生什麼狀況。他們會讓自己忙著處理其他的「緊急」業務需求，一直到當季的最後兩週，然後他們會驚慌失措，度過忙亂不堪的兩星期，試圖勉強達成行動計畫。就像考前最後一分鐘拚命惡補，這麼做無法為你的公司帶來最好的成果。關鍵在平衡。你會希望工作到期日和里程碑分佈在一整季，這樣你就可以務實地在一季當中調整步調，同時追究達成里程碑的責任歸屬。

3. 訂下你的成功指標。我知道之前我提過這點，但是在我實際為我的公司和客戶擬定、評估了數百份季行動計畫的經驗中，我經常發現這個錯誤。我之所以比一個毫無經驗的人更懂得用零碎時間寫出一份切實可行的計畫表，是有原因的。我作弊！有個厲害的捷徑，可以讓你只用一半時間、幾乎不費神就建立一份更好的計畫：設定行動步驟和里程碑之前，先訂下你的成功指標。當你自信地列出你的成功指標，你的行動步驟和里程碑也就呼之欲出了。別省略這一步，欲速則不達。

4. 確保團隊的行動計畫和公司的計畫協調一致，緊密連結。你的組織越成熟，你在戰略規劃方面的經驗越豐富，你就越想確保你的公司計畫能勾勒出大局，你的部門或單位的計畫能支援、融入你的公司計畫，而你的團隊或個人的計畫能融入、支援你的部門或單位的計畫。你將建立一系列和更高階計畫配合無間的子計畫。如果這是你第一次製作正式的行動計畫，我建議你一開始先為你領導的團隊或公司訂一份計畫。做了一兩季之後，開始讓你的主要下屬在每一季為他們的團隊（或個人）擬定行動計畫。這不僅能促使你和你的得力手下就更重大的目標進行有意義的對話，也有助於你的團隊密切合作，凝聚你們的所有努力，產生擴大的成果。這個過程可以抵禦企業成功的一大破壞者——大堆足以掏空努力成果的「優先要務」。可惜許多公司總是派給他們的團隊太多優先要務和目標。我曾經在一家大型專業服務公司工作，該公司給每位業務主管設定了幾十個年度目標和優先事項，整個組織加起來共有數百個之多。根據我在企業界的經驗，這是常態。別落入這陷阱。幫你的團隊制定出一個最高優先事項和目標的明確層次結構，讓你的手下能領導各自的團隊，傾全力投入到你的最高價值的新措施。你們的集體季行動計畫取決於你們如何界定你們各自在未來九十天當中的少而精工作項目。

5. 讓團隊真正參與整個流程。把你的團隊納入戰略規劃的過程，解釋你對優先要務的看法，徵求他們的意見，讓他們參與成功指標的設定，徵求他們關於如何在未來九十天內圓滿達成這些既定成功指標的想法。你的團隊不只會有寶貴的想法和觀點可以和你分享，而且，通過參與計畫的制定，他們會更樂意看到計畫的成功。他們將產生一種深沉的擁有和奉獻感——這是吸引你的團隊投入的最誘人香料之一。透過讓你的團隊參與到計畫過程中，你將幫助每個人對公司有更深入的了解，同時培養他們的業務洞察力——洞察力就像肌肉，越用越發達。

假以時日，你的團隊將吸取戰略思維的方法，以及他們聽你不斷強調的價值觀和優先要務。我常要求和我交流的聽眾，目前有或曾經有過年幼孩子的舉手，席間大多數人都會舉起手來，當我接著問：「你如何鼓勵孩子吃健康食物？」答案總是大同小異——讓他們參與烹飪，塑造健康飲食模式，在家中準備容易取得的健康食品，減少帶回家的不健康食品的數量和種類。我將在第七章「培養領導人」討論「塑造健康飲食模式」，並在第九章「利用更好的規劃」討論「讓健康食品容易取得／減少帶回家的不健康食品」。現在，想想看，小孩、成人——任何人——會多麼樂意吃自己參與準備的一頓餐點。

大石報告：實現行動計畫的秘訣是每週執行

行動計畫是建立在季的基礎上，計畫的執行則是以週作為單位的。每週回顧一下你的一頁行動計畫表，找出下一週你需要去完成的主要步驟。考慮到你每週其實只有五到十小時的專注時間，你得在一週的開始就弄清楚，在這段有限的時間當中，你最想完成的高價值活動有哪些。

為了幫助我們的企業培訓客戶運作他們的季行動計畫，並且每週確實地去做，我們建立了一個名為「大石報告」的工具。你或許聽說過「Big Rocks」一詞；如今它已是商業詞彙中的常用術語了。[10]我們的大石報告把這概念轉化為一種更簡潔、有條理的工具，讓你可以用來執行季行動計畫，不受工作週中慣有的種種緊急狀況和干擾的影響。

它的運作方式是這樣的：一週開始時，你和你的主要手下就自己的季行動計畫進行評估，每人挑出兩、三個大石。所謂大石，指的是特定的行動步驟、任務或者重大企劃的一部分，只要在接下來一週當中把它們完成，對於你完成季行動計畫所列出的重大成果將大有幫助的。如果你沒有在一週開始時具體確認你的大石，那麼很可能你所安排的任何專注時段都會被浪費在低價值的瑣事上。

每個大石的完成時間都應該不超過兩小時。如果它可能需要更長時間去完成，那麼把它分解成幾個小一點的。為什麼不能超過兩小時？因為，即使運用第二章討論的時間掌控策略，你也不太可能經常在你的日程表上排出更長的時段。如果把你的大石限縮為一到兩小時內可以完成的小段，你完成它們的機會將大為增加。

每週大石報告（P128）的第一部分是回顧你前一週的大石執行狀況。全部搞定了？成效如何？需要有哪些後續步驟？關於這些事項，你還有什麼訊息想和你的團隊分享？

接著報告會列出一些重大勝利、挑戰和其他更新資料。最後，在大石報告的結尾，你和你的主要團隊成員要檢討你們的一頁行動計畫，為下一週挑選兩、三個大石。

大石報告能幫你擺脫一般待辦事項清單的陷阱，這類清單總是列出你「必須」在今天、本週、本月或本季完成的沒完沒了、讓人疲於奔命的任務和行動步驟。停下來，想一想，待辦事項清單通常都是些什麼內容。它是你手中的一份書面或打字的行動事項清單，通常沒有清楚架構，只是一種蔓延到第二、第三、第四（倒抽一口氣）或第五頁的籠統清單。形式上，清單上的每一項都是平等的，都佔有清單上的一行。

你的大石報告絕**不是**一份待辦事項清單。它一開頭就要你在一週的開始決定你要選擇哪一個、兩個或三個行動項目——也就是大石；這些事項都是你一旦在當週完成，將會產生極大影響的。當然，有些時候你必須暫時分身，去處理某個重要而急迫的問題，或者抓住一個沒列入季行動計畫的有價值的新機會。無論如何，你已經把一些原本淹沒在待辦事項清單裡的，一週最有價值、最重要的行動步驟挑出來了。

除了幫助你更妥善地自我管理，大石報告還有一個功能。當你讓你的重要手下跟著這麼做，這種安排將能為你減輕管理主要團隊的負擔。在這種標準化的形式中，你可以清楚看出他們覺得必須在當週完成的最重要事項是哪些。你可以看到他們在優先事項的選擇上是否夠準確、理想。再不然，報告起碼也會促使當事人進行輔導對談，讓他們更有效地把心力集中到最重要的事情上。你有了明確的責任迴路（accountability loop）：本週你的團隊有沒有完成他們的大石？我喜歡

10 原註：據我所知，「大石」（Big Rocks）一詞最初來自已故史蒂芬・科維博士（Dr. Stephen Covey）的著作。我在「自由工具包」放了一段很值得一看的四分鐘 YouTube 精采視頻的連結。這段視頻具體說明了為何需要優先安排「大石」時段。

一週大石報告

至 20xx 年 1 月 21 日止

上週大石

	大石	評語
☑	沙丘案正式彙報	• 最大觀察是，因為我們同意將這兩個地點納入實施合約，客戶非常興奮。 • 我們已招來兩個重要轉介潛在客戶。（目前我正持續追訪。） • 我還安排了為期 90 天的客戶追訪，以確保他們滿意並要求下一輪轉介。
☑	持續追訪並安排時間向 Core 公司進行評估提案	• 已排定 2 月 7 日進行提案。 • 已聯繫工程部李，請他提供技術支援。
☑	打 20 通第一階段客戶開發電話	• 打了 23 通客戶開發電話；約定 3 位進行第二階段洽談：2 位潛在客戶因「時間因素」留待下月持續追訪。

業務檢討

主要勝利：

- 沙丘方案——客戶非常興奮。給了我們 2 個重要轉介潛在客戶。
- 訂好 2 月 7 日向 Core 公司進行評估提案。
- 坦雅成功留住 Mirror 科技，讓他們重回談判桌。幹得好，坦雅！

主要業務挑戰：

- 試圖和工程部協調行程安排，陪我去參加 Core 公司提案。他們工作非常滿。目前努力協調中，若能成真就太感謝了。

主要更新：

- 新的電銷前廣告傳單包裹對我的第一階段客戶開發電話推銷幫助極大。我的電訪潛在客戶中有三位特別提到包裹的質感／價值。
- 試用寶拉（新的銷售主管）幫我安排第一階段電銷，成果不佳。下週將嘗試不同的開場白，看看成效如何。
- 提醒大家世界科技會議將於 3 個月後舉行。下兩週我們得召集商展部門討論參展事宜。

下週大石：

1. 訂於 19 日向環球金融公司提案。
2. 進行 20 次第一階段客戶開發電訪。

大石報告能讓我快速、直接地洞悉下屬的彙報。想想你和你的主要手下只要每週花五到十分鐘填寫，你也只需花幾分鐘讀完幾份報告，這個簡單工具帶來的益處實在太大了。另外，當人們看到自己不斷進步，自然會更起勁，更加力求表現。你可以用你的團隊的勝利清單，提醒自己為他們慶祝，或至少感謝他們取得的進展。而他們列出的挑戰項目將讓你了解該如何幫助他們消除障礙，輔導他們成長。

專注在「少而精」是一種能促使你把最佳時間和心力投入到最有價值活動的經營手法。在本章中，你學會了如何判定你的公司、部門或團隊的少而精事項，以及如何把這種戰略洞察力轉化為一頁式的季行動計畫。你也學會了在執行計畫的過程中運用週單位以及大石報告的效力。現在，讓我們進入作為本書核心的自由方程式的最終步驟：如何在組織中建立起戰略深度，來維持可長可久的獲益。

第 4 章

步驟四：發展戰略深度

三年前，我的公司為我們的企業培訓客戶舉辦了一場頒獎晚宴。出席的有來自全球各地一百多家公司執行長和企業主。當晚的最後一個獎項是頒給一位名叫譚美的文靜女人。她和丈夫馬克在美國中西部擁有一家成功的商業和住宅地板裝潢公司。譚美的公司在不到三年時間內成長了三倍。當她上台領獎，我請她說幾句話。她說的話讓我至今難以忘懷：

「雖然我們團隊在發展公司方面的成就讓我十分驕傲，但是這個新做法帶來的最大影響並不是公司的成長。今年初，我父親住院，需要我去幫忙，好在那裡待久一點。

如果是在我們採取新做法之前，我勢必得在照顧年邁父親，以及讓公司倒閉之間作選擇，因為我會有相當長一段時間無法進公司。這項新做法——我們一直在施行的——的影響是，我能夠親自去照顧我父親。我不必在我的事業和我父親之間作選擇，可以兩者兼顧。」

譚美不是唯一低頭拭淚的人。我們都能體會她受到的壓力，以及解脫，因為她很放心她的事業有足夠的深度，能夠在她為了父親盡心盡力而無法坐鎮公司的幾個月內，依然能持續運作、發展。

看看那些為你工作的人。很可能在接下來幾年裡，他們當中會有一個在家庭或個人生活中遇上意外，讓他們必須離開很長一段時間，去處理某種極其艱難的狀況。有了戰略深度，你和其他人便能順利承接這個人的工作了——就像你知道一旦立場互換，你同樣會得到支援。

戰略深度是建立在讓你能獲取、組織、儲存和進入重要秘技（know-how）的健全業務系統和方法架構上的。它也是你用來訓練、交叉訓練和發展你的團隊的正規及非正規的方式。這些訓練能讓你的公司、部門或團隊擁有足夠的韌性去承受一個重要成員的缺席，不管是暫時或永久。戰略深度為你的公司提供了持久力和可擴展性，在安全的基礎上增強你的成果。

更重要的是，戰略深度能讓你擺脫必須完全依賴自己或重要團隊成員的壓力、恐懼和焦慮。它讓你找到心靈的平靜，因為你知道你和你的團隊不須面對將工作需要放在最重要的家庭和個人需求之上的痛苦處境。

一個發人深省的故事

清晨六點，天還沒亮。外面溫度是華氏四十度，但因為潮濕的霧氣，感覺更加寒冷。伊莉莎白・考德威爾——一家全球名列前茅的顧問公司的資深副總——和平時大多數日子一樣，比其他人提早一小時進辦公室。這家公司有七萬名員工，在全球一百多個國家設有五百個辦事處。

伊莉莎白專攻大型跨國企業的風險管理，在風險管理的領域，她可說是一顆閃亮巨星。她在這行業工作超過二十年，已成為公司最受尊崇的顧問之一，負責主導和公司一家大客戶之間的履約事宜。那是一家名列《財富》全球前五十大跨國企業的公司。該客戶變得非常仰賴她的才能。事實上，可以毫不誇張地說，要是哪天伊莉莎白退休，或轉而投效該企業的競爭對手，她所屬的顧問公司恐怕將面臨困境，難以留住這個極度重要而又知名的客戶。這可是關係到數百萬元的帳面利潤，而這筆進帳是生是死，完全得靠伊莉莎白創造的價值來決定。

當然，她並不是唯一為這個大客戶提供服務的團隊成員，但她是唯一在十多年前被客戶指名為談判委託人的人。當時她的公司正積極爭取這個客戶，而對方傳達的訊息很清楚：沒有伊莉莎白，就沒有合約。作為最初交易的一部分，伊莉莎白的其他案子全被抽走，只專心服務一個客戶——這個客戶。

讓我解釋一下，伊莉莎白工作，不停地工作。可不是區區七十二小時的週工時，她每週投入一百小時，來滿足這項要求極高而又繁複的客戶服務工作。儘管她清晨六點就到達辦公室，晚上卻總是過了九點才回到家。多數週末她都得工作，就算不工作，做的事也總是和工作有關。當家人進城來探望她，伊莉莎白會溜出辦公室和他們共進晚餐。但是請一整天假？辦不到。毫不誇張，這份工作根本不能中斷，而這情況已經持續了十多年。事實上，她做的是三個人（說不定更多）的工作。她的分析能力為她的客戶省下數千萬美元，幫助他們利用套頭交易避開數十億元的風險損失。

當然，讀到這裡，你也許會說：「真希望我公司也有一個伊莉莎白。說真的，最好有一票伊莉莎白。」然而，身為企業主，看到這，我只覺得想哭，或至少大叫幾聲。為什麼雇主會建立一種文化和制度來讓這種事發生，或者在伊莉莎白的例子中，默默鼓勵這種事發生？太荒唐了，這既不人道，也沒有永續性。坦白說，這真是糟糕的經營手法。

他們實際上是把他們公司最寶貴的一顆雞蛋放在一個籃子裡，然後在十幾年當中，不知不覺地用每週一百小時的工時破壞這個籃子。萬一她累垮了，她的公司將有很長一段時間將彌補不了她留下的工作空缺，工作質量必然也會明顯下降。萬一她被一家競爭對手企業挖角，她將成為她的新雇主爭取這個大客戶的利器。她的原雇主可能將蒙受數百萬元利潤的損失，更別提聲譽受損了。

伊莉莎白的故事是一個絕佳例子，可以說明為什麼自由方程式的第四個，也是最後一個步驟是如此重要。**為了延續你把最佳人才和心力投注在最有價值的計畫和措施上所取得的進展，你必須超越對任何一個人隨時可能失效的依賴性，不管這人是伊莉莎白，或者你就是你團隊裡的伊莉莎白，你都必須建立戰略深度。**

想像一下，如果你的一個或幾個重要手下，或者他們的親人，突然面臨健康問題。或者想像他們的配偶被調到別州的辦事處，而你的重要手下向你報告說要跟著遷往新城市。或者他們被競爭對手挖角了。或者單純因為職業倦怠決定退休。這會為你的公司、部門或團隊帶來什麼樣的衝擊？

如果你以為這種事永遠不會發生在你的組織裡，那就太天真了。時間一久，它會在某個時間點上發生的機率接近百分之百，而且很可能發生不只一次。為了保持你經由運用方程式的前三個步驟所獲得的成果，你的公司、團隊或部門必須強大到足以面對任何重要團隊成員突如其來的缺席，無論這指的是你自己或者你的伊莉莎白。我把這過程稱作「建立戰略深度」。

按照方程式，你將採取一些小但非常重要的延續性步驟，來交叉訓練你的團隊，將你事業中的幾個重要職務領域系統化，為每個主要成員建立一個組織分明、文檔集中的候補系統。久而久之，你將營造出一種人人都有責任互相支援的文化。這麼做保障了每個人，而且，如果你想維繫長期運用方程式所獲得的具體成效，這是絕不可少的。

如果伊莉莎白的公司不是這麼短視，他們會意識到她每週工作一百小時不是一件好事，而是一顆未爆彈，在他們的一流顧問團隊的心窩裡滴答作響。這顆炸彈有可能因為工作倦怠、健康問題、人際關係需求、背叛或單純的年老退休而引爆。伊莉莎白的公司在沒有後援和防範機制的情況下冒了極大風險。他們用伊莉莎白的亮眼表現來掩飾一個極為嚴重的弱點。

反之，一旦建立了戰略深度，你將幫助你的伊莉莎白完成重大工作，但又具有持續性。也就是幫助她耙梳出她最重要的任務，並且提供更多人力支援、結構化系統和資源，來讓你的伊莉莎白運作得更長久，同時大大降低公司的風險。再說，你究竟想建立什麼樣的公司？在我的價值體系裡，一家企業期待它的成員做兩份或更多的全職工作，只因為現實如此，不然就滾蛋，是很有問題的做法。

然而戰略深度不只是一種防衛，可以保障你的組織免受失去一位要角的風險，它也是一種進攻。如果執行得好，戰略深度能為你提供爆炸性成長的穩定基礎。

讓我們回頭看看凱斯・安德森，你曾在第一章短暫認識的「探路者」廣告招牌公司老闆。你應該還記得，基本上八年當中的每個工作日，凱斯都會在天亮前起床，和他的戶外安裝團隊聯絡，來確認他們做好了當天工作所需的一切準備。和他的兩位施工經理談過之後，凱斯會開始他的清晨例行公事，然後到辦公室去，展開又一個漫長的工作天。

當他在兩年前成為我的企業培訓客戶，我問他，對他的長時間工作，尤其是凌晨四點的電話，他的家人有什麼感受。

「啊，他們早就習慣了，」他說：「妙的是，當我們發現改變不了現狀，往往也就變得認命了。」

我直截了當問他：「你願不願意去做一件全世界最困難的事，如果這麼做能讓你的公司更好，讓你的家庭生活更美滿？先別答應，因為我要你去做的事情是，誠實面對你每天早上四點起床的真正原因。你或許認為你這麼做是不得已，但並非如此。說真的，你每天起個大早去上班，實際上是在傷害你的事業。」

你應該記得，凱斯認知到他害怕自己無法掌控全局。在我們最初的幾次談話中，我們討論到，他的恐懼正是他對團隊的干涉行為背後的真正驅動力。我問：「你願不願意面對這問題，並且作出改變？」

凱斯很快答應了。他很想擺脫每天凌晨四點打電話的習慣，但他覺得自己辦不到。他說：「我討厭四點打電話，但我想不出有什麼辦法可以解決。事實上，我們不得不告訴好幾個大客戶，我們不能從他們那裡接更多業務，因為我擔心，一旦業務擴展了，我們將無法維持原來我們為人稱道的品質水準。」

又稍微討論之後，我們為凱斯和他的團隊勾勒出一個計畫，讓他們可以建立團隊獨立作業所需要的深度。同時，我們在沙地上劃了一條線，說，等到那年十月十五日（我們開始合作九十天後），他不僅將擺脫凌晨四點的電話，我們的做法還將讓他的公司更壯大、更有擴展性。

凱斯的第一步是會見他的主要手下，包括他的製造經理凱薩和兩名現場施工經理。他一開始就承認，他每天一大早起床的原因是，他害怕如果不那麼做，事情可能會出差錯。他解釋說，如今，總的來說，三位經理對大型戶外招牌的施工其實比他還要了解，目前的情況是因為他自己害怕失去掌控引起的。他承認這個問題，同時解釋，公司實際上推掉了數百萬元的新業務，因為他擔心公司沒有能力讓新業務維持以往的製造品質。他請求他們的幫助，他們很快同意了。他們都想讓凱斯脫離他的生活框架。其實他們也明白事情不該是這樣的，但就像凱斯的家人，他們也認命地覺得凱斯不可能改變。

首先，他們檢視整個生產流程，從透過申請程序取得簽署的採購訂單，一直到招牌的製造，最後由現場工作人員施工安裝。他們列出必須避免的步驟和易犯的錯誤，然後把這些資訊保存在他們辦公室的一塊八呎高的白板上。他們釐清了每個步驟該由誰負責，什麼人在什麼步驟上需要什麼資訊。他們在流程中加入一些簡單的視覺監督圖表，讓他們的生產團隊可以自我管理。理論上，當他們完成這工作，那些凌晨四點的電聯也就沒必要了。

接下來兩週，他們測試了這個程序，凱斯仍然像過去一樣在流程中。但後來，正如他們在會議中一致同意的，他把整個流程交給凱薩去運作。接下來三十天內，萬一他們有需要，凱斯仍然會在凌晨給予協助。

結果發現，凱薩不想在凌晨四點起床，每次有人一大早找他，他都會利用這機會來進行業務系統的微調，避免類似的狀況再度發生。例如，有天早上，當一名現場施工人員打電話給他，問他要如何進入一個設有門禁的社區，以便為一個當地的房地產開發商在裡頭架設一塊新招牌，凱薩和他的團隊立刻意識到，他們需要保留一份列有他們所服務的各個房屋建商的所有通行密碼的總清單，這麼一來，下次施工人員便可以在工作單上的資料欄中取得這訊息了。此外，凱薩習慣在前一天下午三點和他的兩名現場施工經理開會，在下班前談妥第二天分派給他們的安裝工作。

凱斯和他的團隊達成了預定的九十天目標。對凱斯來說，真正的勝利不是能從此取消凌晨的查勤電話，甚至也不是他們在沒有新增人手的情況下，單憑著新系統讓生產力增長了兩成五。凱斯的最大勝利是，他終於明白自己的控制慾所付出的真正代價。他了解到，為了行使這種緊抓不放的權力，他必須每天一早，日復一日、年復一年親自坐鎮來維繫它。

當我問凱斯，他覺得等了這麼久才採取這重要措施，他的公司因此付出了什麼代價，他說：

「遲遲才建立戰略深度，實際上讓我們損失了數百萬元的業務。記得吧，我之所以推掉生意，是因為我實在想不出該如何維持我要的製造水準。結果我發現，我才是公司發展的瓶頸。我的擔憂導致我們無法滿足我們的客戶，讓他們不得不去找其他供應商，即使他們知道我們是鎮上同業中最優異的。還有，現在我終於可以盡我的職責，做一些真正有價值的工作，不必再為別人的事瞎忙。」

凱斯和他的生產團隊完成的流程重組不只是為了保障公司，以免凱斯無法每天清晨接聽電話，協助解決難題。真正的收穫來自生產系統的設計改善，以及他和團隊的交叉訓練的綜合作用，使得他們的生產力成長了四分之一，進而讓他們可以承擔大量的新業務。目前凱斯正在擴大他的銷售隊伍，為拓展業務人手和外部銷售團隊奠定基礎。另外他還打入一個全新市場，即將向一個新的垂直市場進行銷售。如果沒有之前建立戰略深度的工作階段，讓探路者招牌公司建立起信心和產能成長，這些恐怕都不會成真。

戰略深度不只是買一份保險，來保障你的團隊免於遭受重大損失。如果執行得當，戰略深度更是一個進攻平台，讓你有額外的量能致力於抓住新的機會，擴展業務。

讓我們更深入探討在公司和團隊中建立戰略深度的實際情況。建立戰略深度能讓你既能守（保護自己不受失去重要人員的影響）又能攻（有足夠量能面對爆炸性成長）。

不妨把戰略深度想像成一張三腳凳。凳子的第一隻腳是你的團隊本身：驅動你的組織、實際完成工作、創造價值的人手。你的團隊是你事業的核心。他們的技能，他們的幹勁，他們的眼光，他們的判斷力和創新是攸關你組織未來的關鍵因素。但光靠你的團隊是不夠的，人來來去去，世事多變。這就是為什麼凳子的這隻團隊的腳有個極為重要的部分，就是你為了建立候補席深度所推動的全公司的持續訓練和交叉訓練。

凳子的第二隻腳是由為了賦予事業組織性而發展的各種業務系統所組成。這些業務系統能把一些最佳實務形式化，讓全公司共享經過驗證的方法和工具。它們包括開始一項新客戶企劃的逐步說明；讓行銷團隊可以遵循，以免在做廣告時忽略重要步驟的查核表；以及招聘團隊和潛在新員工對談時所使用的面試腳本和問題範本。總的來說，這種架構能讓你的團隊用更少的時間、精力和差異達成最佳表現。它還可以確保公司的最佳想法和進行中的創新做法被保存下來，並且在整個組織中傳播，而不只是儲存在某人的腦袋裡。

凳子的第三隻腳是團隊所處的文化。不妨把你組織中的文化看成一個無形的嚮導，它可以形塑人的行為，巧妙影響著團隊對工作中遇到的各種情況的想法、態度和對應方式。經由建立一種可以滿足戰略深度需求、讓所有利害關係人得到保障和力量的文化，你的組織將可以在運作良好的內部系統之上持續建立、訓練團隊人才。

戰略深度的第一隻「腳」：你的團隊

每個企業都需要有才幹的人才能成功。我堅持事業成功必須不仰賴任何人的說法，意思並**不是**說人才不重要。正好相反，想建立一個持續成功的組織別無他法，就是擁有一支為公司努力不懈的優秀團隊。然而，確保你的公司不依賴任何個人的存在是非常重要的。你不能讓你的公司因為某個成員基於各種原因，需要暫時離職一段時間，而讓公司冒著重大失敗的風險。相反地，要讓重要團隊成員負責建立各種系統，來讓他們各盡其職，培養各自的接班人和候補人員。投入大量資源交叉訓練你的團隊成員；延伸凳子的概念，創造一個深板凳團隊來支援彼此的職責。

這隻團隊的凳子腳的意思不只是聘人、重用優秀人才，它也體現了一種對你的團隊進行訓練和交叉訓練的充分、持續的承諾，這麼一來你可以一季接一季培養人才，戰略性地給予交叉訓練，來讓他們互相支援。當然，公司裡的每一個重要職位——就算不是每個職位——都需要一個有才幹、肯奉獻的人來擔當。重點是，這隻強健的腳需要凳子的另外兩隻腳來支撐。

太多公司把他們的業績建立在「團隊」這張單腳凳上。他們挖掘極有才幹的人，讓他們自由發揮來獲得好的成果。單腳凳子在一段時間內是有效的。不用我多說，想在單腳凳上保持平衡，問題就在，這本來就不穩定，單腳凳很少能在突如其來的衝擊中倖存。

誠實面對你的公司。你有沒有建立、發展一個成員之間能夠互相支援的團隊？你有沒有足夠的戰略深度，讓公司即使在失去一名重要團隊成員之後，仍然能蓬勃地運營？這就觸及方程式的核心了。為了維繫公司的獲益——那是你和團隊傾全力經營一些能真正創造價值的少而精活動的成果——你必須有一個架構和團隊來推動它繼續前進，即使面對棘手的團隊成員流失也不受影響。[11]

戰略深度的第二隻「腳」：你的業務系統

業務系統是在你的組織中完成重大工作的基礎。它們是推動你的事業持續不斷為客戶或顧客生產卓越成果的可靠流程和程序。它們是能夠提高公司效率、減少昂貴錯誤的書面化最佳實務。這些系統包括一些文件和流程，例如讓你的配送部門可以遵循，以確保所有訂單正確發貨的檢查表；開始和新客戶合作時提供對方使用的引導流程；提供所有新供應商使用的標準化契約，甚至包括聘用新員工進公司之前使用的查核表。你的業務系統包括任何以具體形式留存下來（而不是被封鎖在某個人員的腦子裡），能讓工作確實完成的公司秘技。基本上，業務系統就是你為了讓公司的某個職務領域能持續獲得優異成果而建立的任何工具。

一個成功業務系統的兩個層次

每個成功的業務系統都有兩個層次，程序層和形式層。

程序層包括你所建立的逐步程序——為了某個業務領域的特定成果所制定的配方。你的系統是否準確納入了過程的各個步驟，讓你在遵循它時，持續獲得你要的結果？把糟糕的過程形式化對你沒有好處。你會希望你的系統涵蓋你的一些最佳實務和致勝措施，讓你的公司更容易複製和擴展這些成功案例。

形式層處理的是你如何包裝你的業務系統，並且把它呈現給你的團隊。你的系統是否容易使用？它是否清晰明白，讓團隊成員能夠直覺地了解如何使用？它可不可以被自動化，讓多數工作能透過科技而非手動運作？執行得當的話，這些系統會讓你的團隊工作更輕鬆，企業也更容易成功。（見下面圖表中的二十五種系統格式範例。）

光有可靠的流程是不夠的。你必須妥善包裝這個流程，讓你的團隊能夠實際使用。你如何知道你的系統有沒有良好、實用的格式？只要問一個簡單明瞭、無可辯駁的問題：**你的團隊有在使用它嗎？**

你的團隊成員想把工作做好。如果你的業務系統簡單易懂又有效，他們就會

11 原註：關於如何發展你的團隊，我將在第二部「五個自由加速器」深入討論。

使用。如果你的系統讓人霧煞煞、抓不到重點，大家就會對它們無視，甚至建立自己的「作弊小抄」混合版本。可是這種粗糙、個別的混合物通常是不可擴展的。事實上，它們通常只能供一個團隊成員使用，而且必須在你的業務量保持相對平穩的狀態下。而且，就算這種個人的取巧做法有效，也很少能化為形式，被公司其他人廣泛採用。一旦這個成員離職，這種秘技也就跟著消失了。

為了正確設定格式，密切觀察團隊成員使用或不使用各種系統的狀況。別爭論，別說教，別哄騙，就只是觀察。把他們的行為當作改善你的業務系統的重要意見回饋。記住，這些系統的目的是為了發揮、強化和簡化員工的工作，所以，別對任何特定的系統執迷不捨。相反地，要執著於它應該產生的成果。

二十五種包裝業務系統的有效格式

以下是二十五種不同格式的快捷清單，可以用來包裝你的各種業務系統，讓你的團隊更便利、更有效地使用它們。

1. 查核表
2. 書面
3. 工作表
4. 步驟說明書

5. 把過程自動化的軟體
6. 數據資料或主要訊息
7. 定價表
8. 範本和範例
9. 常見 Q&A 表
10. 附有內建公式的試算表
11. 可即時列印的圖檔
12. 檔案系統（紙本或電子檔）
13. 合格供應商清單
14. 標準化的設備和零件
15. 有效共享資訊的線上交流工具（論壇、wiki、白板、社群網站等）
16. 交貨時間表
17. 工作或職務說明
18. 說明視頻
19. 企劃路徑可重複使用的企劃管理軟體
20. 報告範本
21. 組織圖表
22. 合格表格和契約

23. 時間表和主進度表
24. 圖表式或嵌入軟體的文件流程系統
25. 完整企業管理軟體

例如，我的公司茂宜企畫顧問公司每年都會為我們的企業培訓客戶舉辦好幾場高階企業研習營。為了確保這些活動順利進行，並且為我們的參加者創造最大價值，我們編寫了一個現場活動「劇本」，像在製作一齣舞台劇。什麼道具該擺哪裡？在每一天的第一、第二和第三段活動當中，需要把哪些講義分發給參加者？每一段活動以及研習營的現場直播分別需要哪些視聽設備？這個劇本讓我的團隊能夠持續不斷地舉辦五星級企業訓練活動，同時又能確保萬一哪個重要成員因為個人因素而無法參加某一場活動時的彈性。

你看到了，業務系統包括許多程序和步驟——不妨說是配方。這些東西能讓一個相當嫻熟的團隊成員為你的公司完成一項特定任務或職務，而獲得某種具體的成果。業務系統還包括你為了幫助團隊成員更快、更容易且持續地獲得該成果而發展的各種工具。另外也包括你用來記錄、儲存像是客戶聯絡史、供應商契約細節等重要機構知識的正規方式。最後，系統也包括你在業務中使用的自動化和較大規模的工具，例如正式的企業資源規劃工具。

建立你的主系統

多年前，當我正努力打造我的第一家成功企業，我和我的合夥人想出一個主意，那就是創建一家不必依靠我們兩個人的公司。我們把我們的夢想寫在一張超大的黃色海報紙上（至今還保存在我的檔案裡），稱它作我們的「事業系統」（Business System）。當我們把它縮寫，發現有點傷腦筋（和 bull shit 撞詞），因此立刻加上「終極」（Ultimate）。於是我們有了縮寫簡稱「UBS」。

我們的終極事業系統是各種程序、步驟、查核表和其他我們在接下來五年當中不斷改進的系統的集合。事實上，在我們公司，UBS 既是名詞也是動詞。我們會說「真是降低成本的好點子，佩姬。請妳把它加入 UBS，讓其他人也能使用好嗎？」或者「塞繆爾，你能不能把這流程 UBS 一下，免得下次又遇到同樣的問題？」

UBS-ing 成了我們事業中的一種紀律和執著，我強烈建議你也在你公司裡採用。這是一種把各種致勝程序和最佳實務保存在可重複、可擴展的系統中的理念。它也是一種清楚的框架，讓你可以在裡頭組織、容納你的一系列逐漸增長的業務系統。

要知道，我們談論的**不是**公司政策和程序手冊。在觀察過數千位企業人士之後，我得到一個牢不可破的結論：沒人會使用手冊，尤其是在一個職位上做了三十天之後。公司政策和程序手冊通常就編寫那麼一次，很少更新，基本上沒人使用。UBS-ing 是一種持續的紀律和承諾。經常看到企業投入大量時間和金錢建立各種系統，卻無人使用。為什麼？因為那些政策和程序手冊的產生就像摩西從高處舉著他的十誡石板，通常是由和實際上使用系統的人頗有距離的人制定的。對員工來說，那比較像是官樣文章，而不是最好的做事方式。**在理想情況下，系統不是用來約束行為，而是為了留存、傳播最佳實務和有效工具**。意思是你必須讓你的團隊參與建立，或起碼讓他們提供關於他們所使用系統的有益的意見回饋。

你的UBS是一個有組織的工具集合，它用一種可以搜索、取得、編輯的方式，把你事業中的一些實際、日常的知識秘技保留下來。這些工具被保存在一個簡單的資料夾架構中，通常是雲端平台上的系統，其中包括查核表、試算表、提案範本、員工訓練視頻和行銷案例等。

沒了UBS，你很可能會有一大堆龐雜的檔案，分散在幾十個不同團隊成員的電腦裡，或者更糟，漫無章法地鎖在他們的腦袋裡。當胡安建立了一個更好的流程版本，如果沒有正式的UBS，這些改進方法大概只能供胡安一個人使用。當莎拉想出如何執行一項重要的職務，她八成只會寫幾張便條紙，貼在辦公桌邊來提醒自己。要是哪天她離開公司，這些紙條都會被扔進垃圾桶，寶貴的公司知識就這麼消失。

你的UBS是把你的各種系統集結在一個地方，確保你的整個團隊都能取得一些原本被困在幾個主要成員腦袋裡的最佳實務和重要機構知識。UBS的概念也是讓公司內部展開關於系統的對話的最佳方式。你的最終目標是讓你的UBS成為在公司內執行業務的一種活潑自然的方式——一種進行中的實務。當你經常聽到你的團隊說「你把它加入UBS了嗎？」或者「真是解決這問題的好辦法，你把它UBS好嗎？」之類的話，就表示你成功了。

建立UBS的四步驟

這裡有個簡單的四步驟流程，讓你可以在接下來九十天內著手建構你的UBS。

步驟1：為UBS建立有組織、層級分明的檔案夾結構

如果你必須把你公司的所有職務匯集成五到十個主檔案夾／領域，那會是哪些呢？（見下頁。）

你的「U B S」

管理所有系統的主系統

你的「UBS」是你的「終極事業系統」。它是你用來組織、儲存、進入和改善你的各種系統的主系統。你的目標是讓你的 UBS 成為在公司內執行業務的一種活潑自然的方式。當你經常聽到你的團隊說「你把它加入 UBS 了嗎？」或者「真是解決這問題的好辦法，你把它 UBS 好嗎？」之類的話，就表示你成功了。這不是開一次會就能完成的事，而是必須經年累月讓你的整個團隊共同承擔的一種處理業務的方式。

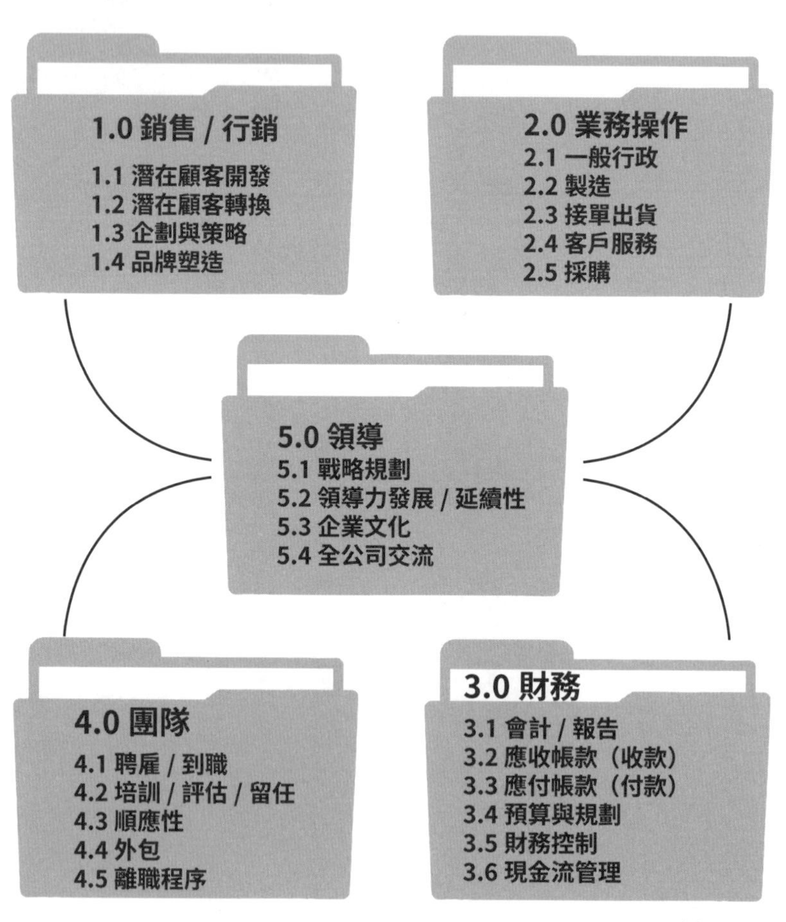

如果你經營服務業，你的 UBS 可能會包括以下幾個領域：

1.0 市場行銷
2.0 銷售
3.0 業務操作
4.0 人力資源
5.0 財務
6.0 領導

如果你從事製造業，你的 UBS 檔案夾可能會包括：

1.0 市場行銷和銷售
2.0 製造和採購
3.0 品管
4.0 工程
5.0 行政
6.0 人力資源
7.0 財政
8.0 領導

步驟2：選擇一個領域著手，把這個領域分解成五到七個次領域

例如，如果你經營服務型企業，選擇「4.0人力資源」開始著手，你的次領域可能包括以下幾項：

4.0人力資源
4.1 人員招聘和雇用
4.2 到職和適應
4.3 培訓
4.4 福利和人力資源管理
4.5 離職

重點是從UBS的一個領域著手，從那裡開始建構。

步驟3：用你現有的系統填入這個領域以及它的五到十個次領域

你和你的團隊都要察看自己的硬碟，看你們目前有些什麼業務系統。你們會訝異，其中有些系統竟然只有一個人知道，而且會驚駭地發現，有好多文件、試算表、流程表或工具的逾期失效版本仍然經常被使用，因為有人不知道版本已經更新了。

你可能會找到工作說明、職務招聘廣告、面試問題模擬、應聘者彙報工作表，或者年度和季評估範本。一般來說，我從我們輔導的客戶那裡聽來的，關於他們在這過程中的感想，不外乎兩點。首先，他們很驚訝他們團隊所做的許多重要工作，有很多根本沒有列入記錄。他們發現他們多麼輕易便會失去一個重要人才，以及有多少寶貴的業務秘技藏在團隊成員的腦袋裡。第二，有些客戶很無奈地發現，他們的團隊成員自己建立了很多好用的工具，並且儲存在他們個人的硬碟裡。他們認為這些工具應該要集中管理並且分享出去。

當你察看團隊的電腦和檔案，以便蒐集現有的業務系統和工具並且把它們放入新的 UBS，正好可以利用這絕佳的機會確認一下，哪些工具已經過時或者不適用，哪些工具有效，以及哪些工具和系統是你迫切需要的。

只把那些你希望你的企業今後實際使用的檔案和工具存進 UBS。（你可以把一些過時的東西儲存在 UBS 各個部分的存檔資料夾，以防萬一哪天需要取用。）

把你放進 UBS 的所有檔案重新命名，讓它們條理分明，並且方便日後搜索。想想「搜索」和「關鍵字」。為檔案命名不一定要照著當初建檔的人賦予它的意思，你的命名系統應該要考慮新的使用者搜索它時可能會用的字眼。最佳化你的檔案命名，讓尋找它們變得更方便、透明。標準化你的主要命名慣例（起碼要開始去做）。你打算把這類型的報告命名為「scoreboard（記分板）」、「dashboard（操控板）」還是其他用語？它是「新客戶登記表」或者「新顧客開始工作表」？是「標準員工協議書」或者「新團隊成員契約範本」？其中的差異可不小。團隊成員會在你的UBS中搜索可用的工具。如果他們試了兩、三次卻找不到，他們會以為他們要的工具或檔案不存在，然後自己重新建立一個。這麼一來，不只你的團隊成員將浪費時間從頭開始重複以前的工作，而且你的UBS也會降等，因為它將包含某個特定檔案或工具的兩個版本。而且，這會漸弱未來的任何改進或更新，因為有些優化文件將進入一個檔案，其他的則會進入另一個檔案。

透過直覺的、容易尋找的檔案命名，不只團隊可以使用正確的工具，你的系統也將受益於你的團隊成員實際使用它來執行日常工作時所作的各種優化。

步驟4：選擇一、兩個系統來構建這個季度的業務領域

問自己：「如果在未來九十天內，我們只能在這個業務領域建立一、兩個系統，那麼值得先建立的是哪個？」

要記得，當你讓你的團隊參與這四個簡單步驟的執行，你可以藉機和他們討論各個系統的重要性，以及它們為每個團隊成員和公司整體帶來什麼益處。讓他們知道你全力支持在公司內建立一種由系統帶動的文化，同時要求他們在這過程的最初幾個重要步驟中協助你。

每一季，重複第二到第四步驟，來建立、維持你的UBS。久而久之，這過程就像魔法一般，你會發現你持續不斷地讓你的事業越來越具有擴展性，也越來越少依賴少數幾個主要團隊成員（包括你）。

系統和管理不能只是三分鐘熱度，而必須是一種深植於公司內部的做事方式。如果你虎頭蛇尾，你的努力將泡湯，也會失去在員工心中的威信。必須讓他們明白為何系統和管理對企業、對你和他們都很重要。也必須讓他們看到你堅持到底，讓這些系統和管理成為你事業的基本要件。

我為你的團隊製作了一支十分鐘視頻，介紹 UBS 的重要性和最佳實務，你可以到 www.FreedomToolkit.com.Find 網站免費下載。

找到你的最佳平衡點

每個系統都需要投入時間、心力和金錢來建立。它是否值得投資？這取決於你想要加以系統化的流程、任務、人際關係或責任有多少重要性。

想像它是一組天秤。在天秤的左邊，你有較少的系統。這有助於你保持精簡、效率和變通性。但是你的系統越少，你付出的代價就越大。一個更混亂的工作流程需要更多心力，來確保在執行最佳工作時不會錯失了一些東西，使得透過交叉訓練團隊成員來建立戰略深度變得更困難。

在天秤的右側是公司、部門或團隊，它們極度仰賴系統來管理，幾乎任何事情都得靠它們。這有助於大家條理分明地做事，穩定各個執行者的工作品質，讓你持續不斷從團隊成員那兒得到更好的表現，同時減少你對任何成員的依賴。這些系統也是得付出代價的。首先，你得付出建構、訓練、儲存、改進和更新系統所需要的時間、精力和心力等代價。光是為了完成某項職務而寫出一個流程或者建立一個更好的工具是不夠的，你還得讓你的團隊使用它，而這可能直接耗去一筆費用。除了這種直接成本，太多系統可能會變得過於形式化，甚至讓團隊施展不開。

系統和整體架構之間的適當平衡是一種動態平衡。為了培養我的公司茂宜企畫顧問公司的企業文化，我們在系統上投入大量資金，並且交叉訓練團隊，讓他們可以相互支援。這對我們很有效。當我們有人因為私人因素暫離他們的重要職務，甚至離職，這時我們花在規劃、改進和組織各種系統上的投資尤其顯得價值非凡。你必須在你的組織內找到適當的平衡點。

以下是幾個關於業務系統和職務領域系統化的重要事實。首先，你永遠無法把每件事都系統化。憧憬著能擁有高度系統化的事業，以各種具有實效的流程和步驟來運作每一項工作、職務、方案和決策，完全是一種錯覺。

做事業沒那麼簡單，需要有創造力、變通性、洞察力和判斷力。即使你能完美處理業務領域的所有面向，但世界變化太快了，今天的系統到了下個月、下一季或明年就得進行改善、調整，甚至退役。**應該把各種系統看成一種活潑自然、文化上的承諾，而不是一本你永遠做不到的知識書。業務系統是一種做事業的方式，是對一種事業經營之道的投入，而不是一本包含所有答案的手冊。**

關於業務系統的第二個基本事實是，它們十分昂貴。每一個系統都需要時間、心力和金錢去建立、訓練團隊使用、安排和指導他們接受，接著經年累月地進行改善、更新，最後淘汰。考慮到這成本，你的事業生涯當中的某些東西實在不值得形式化或系統化。

對於哪些東西該系統化要有策略。你想建立的某個系統有些什麼價值？問自己以下幾個問題：

- 這個系統的產出有多大價值？這些價值是只有工作執行到位的時候才會產生，還是執行得不錯時也能產生你希望的結果？
- 如果不投資建立這個系統，會有什麼風險？如果**沒有**這個系統，你得承擔什麼後果？
- 這個系統的使用會有多頻繁？這是一年一度的任務？還是每週甚至每天都得去做？
- 它的流程有清晰透明？它是否夠簡單、可憑直覺操作，能讓一個能力不錯的新團隊成員馬上開始使用？還是它很複雜，有層層的細微差異和必要的判斷力？它越是難以讓新的團隊成員遵循，就越有必要把它系統化和組織化，來加速該員工掌握它的能力。
- 這項職務的成本有多高？需不需要你的最高級人才去做？比起較低廉的投

注和人才，把它系統化帶來的成果是相同或者更好？這個流程萬一運作出錯的代價是否很大？倘若如此，就要衡量一下把它系統化的價值，既可以降低執行一部分或全部任務所需的人才等級，也可以減少不得不取消或重做不合格工作的風險。

- 這個流程的工作產出品質有多重要？對高品質的需求越大，你就越會需要利用完善的系統來獲得該成果。
- 這個流程需要多長時間來完成？完善的業務系統有個優點，就是把完成一種重複性流程所需的時間縮短。在前期為優化流程進行少量投資，可以在後期帶來循環紅利。

就算你評估過每一個潛在新系統的價值，你可能還是會發現你有太多系統需要一次處理完畢。這工作可能相當累人。利用「建立UBS的四步驟」流程。從你的UBS的**一個**領域開始，把你現有的系統移入那個檔案夾和它的子檔案夾。然後問自己，在接下來九十天內，哪一個或兩個系統的建立或改良，對你的公司、部門或團隊是最具價值的。到了季末，再問一次這個問題，並且多選一、兩個系統在下一季使用。久而久之，你不僅會在系統化你的業務領域上取得進展，還能在這過程中讓你的團隊充分參與。這會加速工作的進行，因為這時在你的組織中，參與維護系統的人不只一個，而是好多個。而且，假以時日，你們公司整體對於吸收和使用系統的流暢性也會逐漸提升。

回頭看伊莉莎白和她每週一百小時的工作量。要是當初他們給了她足夠支持，讓她有時間和任務分派，去進行系統化、交叉訓練她的員工，對她的公司會有什麼影響？包括以共享格式保存客戶關係的歷史資料，記錄她和這個要求苛刻的客戶合作超過十年所獲得的最佳實務和私房秘訣，以及分享一些她建立的，幫助她在服務該客戶的工作上取得巨大成效的工具和範本。

這將為伊莉莎白提供一個訓練其他員工和該客戶合作的框架。她公司會作這樣的投資嗎？當然。沒錯，這會增加支持該客戶所需的員工成本。但想想這一切將為伊莉莎白的公司帶來什麼影響。首先，萬一她生病或者日後退休了，他們會有足夠的深度去替代她。再者，這份支持將讓伊莉莎白擁有較多的寧靜時刻，從而延長她在公司的壽命。最後，這將創造出許多和這個客戶接觸、聯繫的額外機會，能夠把該客戶抓得更穩，而不再只仰賴伊莉莎白一個人，公司的地位也將大為提升。

為了維繫你對建立戰略深度的承諾，唯一辦法就是讓它成為企業文化的一部分，而這正是我們接下來要談的：文化。

戰略深度的第三隻「腳」：公司文化

凳子的第三、也是最後一隻腳，是你的公司文化。你的文化是你公司的員工理解、處理工作和決定工作優先順序的一種非正規的方式。基本上，它是一隻隱形的手，在你的員工不自覺的情況下塑造他們的行為。許多公司和團隊任由它隨機發展，但你也可以有意識地塑造文化，讓它成為一股支持甚至推動的力量，促使你的團隊形成你渴望的成功行為。

不用說，健全的制度和聰明的內部管理是建構戰略深度的兩大要素。但是，萬一新狀況出現，而你沒有任何系統可以詳細說明你希望你的團隊如何應對，那又該怎麼辦？這時你的公司文化可以幫你化解危機。

公司文化是公司內部吸取的價值觀以及心照不宣的「我們這裡的做事方式」的總和。如果塑造得宜，它將成為讓公司擁有發展壯大所需的戰略深度的第三個要素。我將在第八章「打造公司文化」深入討論如何運用文化作為一種自由方程式加速器，現在我們先預習一下從頂層開始的楷模形塑。

早在共同創立著名的 Priceline.com 旅遊網站之前，企業家傑夫・霍夫曼建立了一家名為ＣＴＩ的旅遊軟體公司。經營出色的ＣＴＩ銷售額達到五百萬美元，且被《Inc.》雜誌評選為成長最快的小型企業之一。但傑夫從來就不是安於現狀的人。為了讓公司更上層樓，他們必須及時發佈一款新的旅遊軟體程式。它必須很完美，它必須以它便捷的使用性讓市場驚豔。它必須是旅遊界前所未見的產品。

某天傑夫去探視他的開發團隊。他們一群人在會議室紮營，夜以繼日工作，努力想追上產品發表期限。傑夫探頭到房間裡，問他的手下：「有沒有我幫得上忙的地方？」

一名菜鳥，有點愛賣弄聰明，說：「有啊，傑夫，你能幫我到乾洗店拿衣服嗎？」

房裡頓時安靜下來，所有人等著看傑夫的反應。他們都希望傑夫能給這個冒失的年輕程式設計高手好好訓一頓。他竟敢對執行長不敬？但是，令他們驚訝的是，他只說：「沒問題，把取件單給我。」

傑夫的理由是，在那一刻，他能為自己公司做的最好的一件事就是讓一群人才待在會議室，全力研發新產品，讓他們能趕上迫在眉睫的產品發表日，讓熱切等待的消費者讚嘆。要是你必須跑一下腿來讓你的公司贏，那麼你就得去做——自尊和個人榮耀算什麼！他的團隊看著傑夫的行為，明白這一切只是為了竭盡所能為那些替公司創造價值的人服務。在接下來一年裡，CTI的銷售額增加了兩倍，超過一千五百萬，這也使得他成功地以八位數的價碼將公司轉售給了美國運通。

在那之後，每當傑夫在大型CEO會議上發表演說，總是不忘和聽眾分享這小故事。

「打造一個真正的高手願意待的文化和環境，」他建議說：「然後幫他們去乾洗店拿衣服！」

測試你的戰略深度——來趟真正的假期

在我將近三十歲時，我和我父親以及我哥哥亞歷克斯，一起進行了一趟為期兩週的泛舟之旅。在加拿大的野地裡，我們和另外二十名遊客一起被帶領著，沿著三、四級難度的急流前進，周邊是大片我生平僅見的絕美大自然。在那次旅行中，我遇見了羅伊，他是一位非常成功的實業家，在舊金山開發房地產致富。當時是我創業的第四年，連著幾晚，我在營火邊請教羅伊他賴以擴展公司和財富的經驗。他分享了很多很棒的建議。可是有一晚，我催促他分享讓他能夠獲得如此大規模成功的最重要的一項體悟。

羅伊沉默下來，回想著他四十年的事業生涯。我在露營椅上向前挪了挪，身體湊向前，確保沒聽漏他要說的每一句話。最後，他回過頭來回答：「大衛，你想知道對我的事業成功影響最大的一件事……就是這趟旅行。」他環顧著營地說。

「是什麼，羅伊？我不懂。」

「就是這個。」他再說一次，手在我們坐著的地方劃著圓圈。

整整兩天，我不停追問他那句神秘的話究竟是什麼意思，可是每次我問他，他總是沉默不語，光是微笑，但不再多說什麼。最後，我實在忍不住了，對他說：

「我快瘋了。你說『這趟旅行是幫助我成功的最重要的一件事』，到底是什麼意思？」

羅伊心一軟，鬆口說，在公司成立初期，他和其他同業一樣，工作時間很長。他逐漸發現，他給自己的公司投下極大的陰影。每當他在場，大家都聽他的。儘管這滿足了他的自尊，卻傷害了他的公司。這阻礙了他的團隊的成長，嚴重限制了他們可能有的貢獻。

「我確保自己每年都能抽出足夠時間，離開公司去休假，讓我的團隊有空間和慾望去向上提升，」羅伊對我說：「而每次我回來，都會發現，我的得力手下把我的缺勤當作成長的火花。這就是讓我的事業發展到今天這地步的一項關鍵實務。」

我始終沒忘記，二十年前，我剛開始享受創業成功的滋味時，所經歷的這趟旅行以及羅伊的忠告。直到今天，我一直讓自己每年排出十週或更長的時間來度假。這不只讓我有時間充電、和家人一起製造回憶，還能幫助我的公司越過我不斷發展。每次我離開公司，便會重新認知到，哪些任務或責任仍然是部分或完全依賴於我的。這給了我動力和精力去降低這種依賴性，為我的系統和團隊建立深度，讓他們能在我離開時承接這些責任。另外我也鼓勵我的領導團隊抽空去休假，理由是一樣的，包括這能幫助我們逐步根除、解決員工對他們的重大依賴。久而久之，這做法強而有力地塑造了我們的公司文化。建構和使用業務系統、交叉訓練團隊成員以及建立策略性的備位機制，就是我們的事業經營之道。

在組織中建立戰略深度是一種漸進的過程，而不是像開燈那樣啪一下突然打開。這不是簡單的「有」或「無」，而是一道你在幾年當中慢慢向前穿越的光譜。你無法一口氣把它設定完成。相反地，這是一種隨著時間慢慢累積的過程。為了確保你的團隊持續不斷致力於創造戰略深度，最好的辦法就是把它吸收為公司文化的一部分。

恭喜你看完了自由方程式的核心四步驟。現在你明白了，你領薪酬不是為了你付出的時間，而是因為你創造的價值。你知道，為了創造你的最佳價值，你必須不斷找回你最好的時間和心力，然後把這些回收的大段時間，持續投注在能夠創造最大價值的 A 級和 B 級活動上。更重要的是，你也知道，你必須讓你的團隊全力支持同樣的做法，持續把他們最好的時間投入到公司的少而精事項上。你學會了逐季進行這項計畫，並且把它精簡為一頁式的未來九十天行動計畫表。最後，你也學會了在公司全面建構戰略深度，來維繫你所獲得的成果。假以時日，這四個步驟將協力創造出顯著的突破，而你的組織將享受豐碩成果。

在本書的第二部，我們將探討另一個基本問題：要如何讓方程式運作得更迅速？我將和你分享能幫助你和你的團隊更快取得突破性成果的五個加速器。如果你準備好加足馬力，以便提早享受到方程式帶來的好處，那就繼續看下去，和我一起探索五個自由加速器。

PART Two

5個自由加速器

第 5 章

加速器一：讓你的團隊參與

想像一下，你團隊中的每個成員都不是員工，而是志工。這面透鏡會如何改變你看待他們、和他們互動、領導他們的方式？事實是這樣的：你最好的人手全都是志工。

想想你那些最優秀的員工，他們難道不能輕而易舉到你的競爭對手或新的公司去，馬上被錄用，而且待遇很可能比你給他們的更好？難道他們沒接到一大堆人才招募電話，以天空更藍、海水更暖的海妖歌聲誘惑他們？當然有。你的頂尖團隊成員實際上是支薪志工，而你和你的公司是他們的**選擇**。

那麼，是什麼讓他們留了下來？只是慣性——害怕改變和安於現狀？還是一種參與了重要事務、做大事並且幫助他人的感覺？是為了你提供給他們的待遇？還是那些他們樂於挑戰、本身充滿趣味的艱難任務？是為了他們和同事、顧客或供應商的關係？或者對專業成長的渴望？也許是為了你提供的讓工作和家庭生活妥善融合的彈性？對你的頂尖人才來說，很可能是以上種種因素的綜合。

顯然，不會是單一原因。但同樣明顯的是，如果讓你的團隊待在你公司的就只是一絲絲脆弱的慣性，那麼當下一次有辦公室紛爭或者外部事件把這根細鍊「扯斷」，你就會失去他們。

你必須盡可能用多一些絲絲縷縷，把頂尖人才和你的公司繫在一起。事實上，你必須像留住頂級客戶一樣，想方設法留住你的頂尖員工。在這個領域，企業主有很多東西得向非營利組織學習。

是維吉尼亞州弗雷德里克斯堡市的一個典型的夏季週六下午。戶外溫度高達華氏九十四度，空氣潮濕。十字路教會歡迎委員會的三十二名成員聚集在他們佔地一六〇〇〇平方呎的教堂所在的小型購物中心的停車場。志工們撿拾著垃圾和破瓶子，清掃著設有二百一十四個停車格的停車場。這一週和以往一樣，是他們為前來參加週日禮拜的教友和賓客們打造一個獨特、親切又安全的場所的好機會。他們帶著微笑幹活，在烈陽和濕熱中淌著汗水。

我知道這事是因為，他們的牧師，喬埃・洛利是我的朋友。十五年前，喬埃曾經短暫擔任我的助手。在那期間，他和我分享了他和他妻子克莉絲汀娜獨力創建一所教會的夢想。在幫我張羅會議、篩選電話電郵、安排出差的同時，喬埃花了部分心力在他真正的目標——創立自己的教堂——上頭。他的起步很小。先是吸引一小群熱心教友每週在他家裡聚會，研讀聖經。然而，不知不覺中，以這個核心團體為中心，一間擁有六百五十四名成員的教會的種子逐漸萌芽、茁壯成長。

「為茂宜企畫顧問公司工作的那段期間，我一直在學習。你教導企業主建立由業務系統帶動、不依賴老闆的公司，我則是在學習如何建立一所能持續發展、不依賴牧師的教堂。」

儘管喬埃可能在我們共事的幾年裡學到許多重要的創業經驗，但他的成功有些令人感佩的東西，值得任何一位希望自己的員工擁有同等的投入和忠於任務的敬業度的企業主學習。

如果你把每個員工都當成志工看待，對你的事業意謂著什麼？如果身為企業主，你的工作是幫助員工找到工作的意義和熱情，像喬埃的歡迎委員會的三十二名志工每逢週六那樣幹勁十足？

二〇一七年，全美有七七三〇萬名成年志工奉獻了六十九億小時、估計價值一六七〇億元的無償工作。在歐盟，每年有九三〇〇萬人從事各類義務工作。據估計，全世界每年有九億多人提供志願服務，這項義務工作總值高達一兆三千億元。這些人都是不支薪，但仍挺身為他們相信的志業或團體提供支援。

對比志工世界和營利事業的工作狀況，統計數字令人吃驚。二〇一六年一月發佈的蓋洛普每日追蹤調查顯示，68％員工沒有工作，51％員工正積極尋找新工作。Glassdoor.com 網站的一項調查顯示，多數（51％）員工**不會**把他們的現任雇主推介給友人！德勤大學出版社（Deloitte University Press）有篇文章指出，

87％公司將文化和員工敬業度列為最大挑戰之一。蓋洛普的「美國職場狀況報告」顯示，51％美國員工「不夠敬業」，另有16％員工「非常不敬業」。基本上，蓋洛普發現，四分之三員工對工作不夠投入。

對你來說，這意謂著什麼？很簡單，你的團隊很可能只貢獻了他們的一小部分才幹。更重要的是，你的許多優秀員工和你的組織之間的牽繫極為薄弱，距離被其他公司挖角只有一小步。

如果你想加速取得自由方程式的運用成果，就必須留住你的團隊，讓他們和你一起進行這項重要工作。

你的團隊究竟想要什麼

根據《哈佛商業評論》最近一項研究，你的員工要的是「專業成就」（擁有自主性，一個能讓他們發揮自身優勢、獲得成長與進展的角色）、「群體認同」（感覺受到尊重、關心、認可或者受到注意）和「志業理想」（感覺自己發揮了影響力，公司的任務和他們的角色在事業上起了作用）。

來看看這張願望清單和人們說的，自己從事志工服務的理由有多相似：

- 我屬於這裡。
- 我關心這個組織。
- 我相信我們所做的事。

- 我們所做的事對這世界很重要；它能帶來改變。
- 知道自己參與其中，我個人感到滿足而充實。
- 我很慶幸自己是願意回饋社會的那類人。
- 這是我的團隊；這些人是我的同志。

很多時候，我們以為留住我們的團隊、激勵他們去表現的就只是錢。當然，錢很重要，尤其因為人有責任和經濟需求，但據我觀察，錢比較是為了表達公平和尊重，而不單是實際的金錢。不管對或錯，團隊成員通常會把錢解讀為一個組織認為他或她有多少重要性或價值的一種指標。

錢的事很難盡如人意。薪水太低，你的頂尖人才會覺得不被欣賞、尊重。薪水太高，你會毀了一個團隊成員，讓他變得驕縱自大。這兩個錯誤我都犯過，也看到我的許多企業培訓客戶犯下同樣的錯誤。

總之，說到待遇，最好的辦法就是找到合適的社區。想在這個社區找到完美的房子不容易，但如果你一開始就找錯適合你居住的城區，那麼不管太高或太低，你都不可能在那裡長期安居。

根據我的經驗，以下是你的團隊**真正**想要的：

- 尊重：他們希望自己受到別人的肯定和敬重，被同事視為有能力、不可或缺和有價值。

- 自主性：他們希望能發揮自身的優勢、作決策、完成任務。
- 成長：他們想要學習和成長，感覺自己在專業上不斷進步。
- 聯繫：他們想要感覺自己參與了重要事務，融入一個自己欣賞的群體。
- 影響：他們希望他們每天所做的事產生了影響力，對世界起了實質的幫助。
- 金錢：他們希望自己得到公平的報酬，同時可以照顧家庭、滿足個人需求。
- 彈性：在業務容許的情況下，他們希望在工作和生活之間找到平衡，不因僵化的形式而無法去參加孩子的球賽或畢業典禮。

注意我們對工作的期望已經起了根本的變化。你的員工要的不只是一份薪水，甚至不只是一份保障。一項又一項的研究顯示，錢很重要，但只是次要，一旦它得到妥善處理，其他需求對你的員工的重要性遠遠在它之上。現在就回頭看看，你實際上給了你的團隊多少其他非金錢的回報。

讓你的團隊參與

人會想要在某些情況下擁有掌控和效能感，能夠產生作用和影響力。當你讓你的團隊對於企業如何運作——至少在他們的業務領域——表達意見，你便給了他們能力去發揮影響力，被聽見、看見，受到肯定。在競爭激烈的營利事業世界裡，這概念是如何運作的？只要看看創業醫生帕里克斯・辛格就知道了。

辛格醫師在二〇〇一年開始他的家庭護理事業，在一棟原本開設了一家Ace五金連鎖商店的大樓有一間辦公室。早期，他的業務成長緩慢，因為他到處增設新的辦事處和營業點。在創立Access健康照護公司兩年後，辛格醫師召集他的領導團隊開會。當眾人聚集一室，他分享自己對公司的願景。他誠懇表達他希望公司追求五星級品質、患者自主能力、接近滿分的患者滿意度和運營效率，以及更好的保健成果。可是，當辛格醫師把他對公司的憧憬明確地告訴他的領導團隊，你猜有多少人同意他的觀點？

答案是沒半個。被他聚集來共同經營他所創建的Access健康照護公司的團隊當中，沒有一個人有興趣聽他對公司的願景。「於是我們開始爭論，你來我往，各執己見，始終沒有一致的看法。」他回想當時的情景說。

多年來，領導者的總體願景一直是爭論焦點，而在這期間，辛格醫師也放棄了表達公司願景的努力，因為他的團隊總是一副抗拒的樣子。有一陣子他甚至覺得沒必要有總體願景。畢竟，業務不斷在成長。可是他覺得他們可以成長得更快速，提供更高的工作品質，因此他決定引進一名外來輔導員，讓他的領導團隊有機會進行戰略規劃的靜修。

「我們來討論一下，我們想把Access健康照護公司帶到哪兒去。」輔導員說，對著前來參加規劃會議的十五人領導團隊發言。「你有什麼想法？」注意，輔導員並沒有先詢問辛格醫師的願景。相反地，他一開始就徵求辛格醫師團隊的意見。

「你認為我們該把 Access 帶往哪裡？什麼樣的公司未來會讓你興奮？你認為應該為公司設定哪些大方向？」他輪流詢問每個人。

有些成員開始分享他們的想法。一個人說，她認為每個診所都應該是以病人為主體的醫療之家。這目標很崇高，需要投入大量努力。辛格醫師非常驚訝——不是因為他的團隊成員對公司抱有如此高的憧憬，而是，她所說的似乎就是他長久以來一直表明的。把每個診所變成以病人為主體的醫療之家，意謂著病患的充分參與、良好的溝通、高品質的護理和實證醫療。這些正是辛格醫師想要的，只不過是從她口中說了出來。

其他團隊成員紛紛附和，用自己的話語表達他們認為重要的東西。說著說著，一幅以病人為主體、提供卓越護理品質的診所景象漸漸浮現。他們更進一步，列出他們希望從監管單位獲得哪些特定憑證。一名成員甚至說：「我希望我們今年能達到五星品評。」辛格醫師看著，驚訝不已。這是他的團隊，而他們說的正是他多年來努力想讓他們接受的東西。

輔導員繼續引領眾人討論醫療資源使用管理、資訊科技、數位戰略、盤存等話題，幾乎無所不談。所有人的專長逐一被提出並且得到解決，每個人都有自己的目標。最後，他們把所有意見綜合成一個完整計畫。現在他們有了包含所有人願景的東西；每個人都是利害關係人，每個人都知道公司未來的樣貌。

事情並未就此結束。每一季，輔導員都會和領導團隊的每個人聯繫，就他或她在計畫中負責的面向進行討論。他寄電郵給醫療品質專員（chief quality officer, CQO），詢問品質評分。他向相關人士確認了公司以病患為主體的醫療之家的正式名稱。在他們向前推進的同時，也確保每個人都了解其他人的最新進展，因為這能讓他們朝著共同目標前進。萬一哪個目標沒有達成，所有人都會知道原因。一切都是公開分享、討論的，因為每個人都是利害關係人。

Access的能量改變了。突然間，大家齊心協力互相幫助，傾全力追求共同的成功，因為他們把自己看成一種集體願景的主人。那不是高層交代下來的願景，而是大家清楚表達過的一種自然萌生的夢想。在那第一次輔導會議上，辛格醫師學到了關於領導組織的最重要的一次教訓。這教訓對他日後的成功影響重大。他是這麼說的：

「如果是由上而下，（你對公司的願景）將無法推動。必須自下而上。團隊中的每個人都必須有一份。」

就在那一天，公司從一人高高在上一變為十五人攜手大展鴻圖。在接下來十年當中，辛格醫師和他的團隊將Access健康照護公司擴展為一個市值一點六八億美元的醫療集團，在佛羅里達州擁有一百五十個營業點和一千多名員工。

在外人看來，他的團隊想要的顯然是在表達公司願景方面扮演一定角色。並不是說事情非要照他們的意思發展，但他們確實需要有人徵詢、聽取和重視他們的觀點。這也是你的團隊想要的。讓你的團隊參與，意思是要求他們協助、積極參與發展組織的工作，是詢問他們的想法、觀點和意見，是傾聽他們的回答，認真考慮他們的構想。你是否同意他們的想法或觀點並不重要，重點是你必須尊重他們，讓他們有一席之地。

透過這種方式，你將從團隊成員那裡獲得更深厚的認同和許諾，不管你們對公司的最終願景和戰略計畫是否全體達成一致。**記住，為了擠進價值經濟，你不只需要團隊成員的手來完成工作，你還需要他們的腦袋和心。這可不是「把大家哄得服服貼貼」的小手段，而是扎扎實實的最佳企業實務。**我和辛格醫師合著了一本書，兩人聯手主持多次會議之後，我和他的團隊成員聊過幾次，從在那裡任職的醫生一直到領導各部門的主管。他的團隊不只是參與，而且高度投入各種業務和任務。他們的員工留任率和團隊成員的參與度是多數執行長夢寐以求的。

一個讓團隊參與的簡單模式

這裡有個可以讓團隊成員貢獻點子，讓每一位成員開始參與的致勝模式。

首先，選擇公司的某個工作領域，例如行銷團隊、領導團隊或運營團隊。要求這個小組討論出一個讓公司在該領域落後的最大限制因素。注意，我沒要求你得到完美答案，只要是限制因素之一就行了。我們希望你的團隊能成功，所以如果他們提出的是一個你知道很重要，但並非頂重要的限制因素，就暫時接受他們的答案。

接著，帶領你的團隊進行甜蜜點分析（見第三章），讓他們最終選出一、兩個可以消除這個限制因素的構想。擬定用來實施他們所選擇的每一項甜蜜點解決方案的計畫和步驟，包括每個步驟的執行者和完成時間。決定好團隊要如何互相彙報這些構想的實施進度。他們會提供自己的大石報告更新資料？或者把它排入三十天內的後續會議的議程？

接下來，做為組織領導者，你必須以身作則，表現出你希望他們表現出來的行為。不時探視一下主要團隊成員，讚揚他們的勝利並且幫助他們克服障礙。在這當中，在關鍵時刻幫助團隊成員整理心得和教訓。當他們所選擇的構想圓滿完成，就重複這個過程，處理下一個限制因素或者值得爭取的重大機會。不過，這次你也許可以把帶領整個流程的工作交給某個團隊成員。

可是大衛，你可能會說，**這太費事了。我沒那時間。為什麼我不能直接叫別人去做？或者把我的構想丟給他們？**好吧，我問你，你有沒有時間更換你的頂尖團隊成員？包括招聘人才、讓新成員順利任職的時間，同時要處理組織在幾個月空檔期間的所有問題。你的公司是否禁得起團隊人才外流，把優異的工作奉獻給其他更令他們滿意的機構？再者，你真的忙到沒時間做這件事？記住，這並不是要你個人創造更多東西，而是要你帶領你的團隊更加投入，讓他們創造出最佳成果。這類小行動的加成效果可是十分驚人的。讓你的團隊有機會表達意見需要時間。但最終，它會加速你實現公司目標的步伐。

既然讓團隊參與的效能如此之大，為什麼沒有更多企業主這麼做呢？據我的經驗，可以歸結為兩個原因：恐懼和惰性。害怕失去控制權，害怕沒人像你一樣能幹或者和你一樣關注，害怕失去重要性或不被需要。以及誘使許多企業主每天重複著昨天工作的安逸現狀。但如果你的真正目標是盡速、永續地拓展你的事業，那麼你就得克服這些恐懼，擺脫惰性，因為它們是傷害你的公司、限制你發展的陷阱。

「當時我每週平均工作八十小時或更多。」派翠絲說。她是一家大型專業教育公司的共同創辦人兼執行長，每年在北美和歐洲為一萬名初級護理醫師舉辦一百多場進修教育會議。業務鼎盛，但派翠絲對於離開日常工作仍感到不自在。她總覺得有必要長時間工作，她的投入遠超過實際業務所需要的時間。

「我和丈夫也休假，但我們會進行電話會議，在外地討論未來會議的內容，處理人事問題。老實說，說是度假，倒比較像是遠距離工作。當然，度假地點很美，但我們老覺得分不開身，從這點看來，我們經營公司的方式是有缺陷的。讓公司無法進步的最大障礙正是我們自己。」

記得在我公司每年於茂伊島舉行的年度企業研討會上，我曾和派翠絲談過。當我們坐下來共進午餐，我質問她，她對事業緊抓不放的真正代價是什麼。在外人看來，顯然派翠絲和她丈夫羅伯千辛萬苦創建了極具市場價值、獲利頗豐的大事業。他們打造了一支陣容堅強的領導團隊，那麼，何不讓這支團隊在公司的發展上發揮更大作用？

那次談話讓派翠絲很有感觸。她和她丈夫作出一個具體決定，讓他們的團隊參與更多，更加依賴他們，把更多業務託付給他們。一開始，這讓派翠絲有些不自在，她太習慣一肩扛起大小事了。她心中有股幫助和服務他人的慾望，但她越來越清楚地看見，她領導團隊的老方法阻礙了他們的成長，也阻礙了公司的發展。

派翠絲從一小群精心挑選的重要主管開始。慢慢地，在十二個月當中，她刻意地培養自己讓主要成員承擔、掌管更多的能力——更多決策權、更多解決問題的能力，並且對企業重大成果負起更多責任。在這同時，派翠絲和她的領導團隊釐清了必須把哪些資訊和保障措施形式化，以便她能感覺到企業受到妥善照應，這也加強了她把更多企業日常營運的直接掌控權放手交給別人的意願。

這些都不是一朝一夕發生的。很多時候，派翠絲發現自己忍不住插手解決問題，而不是先徵詢團隊成員有什麼意見和心得。建立一個充分授權的組織需要時間，也需要主要成員的大力支持，而這份支持將隨著時間向下滲透。領導團隊感覺到派翠絲對他們發想點子、作決策和解決問題等能力的信任，於是挺身為公司承擔更多職責。

進行到第二年，這氣氛擴散到了她的領導團隊帶領下屬的方式。這時大家開始動了起來。當她的核心團隊的同事們看見他們的投入和效率，這種鼓勵參與的方式延伸到了更多團隊，接著是部門。結果，不到兩年，整個公司全部投入公司的發展。同時，對於要在業務的哪些領域投資更多，哪些部分要退出，他們也變得更有策略性。最終結果是一個獲利更高、更為永續、讓人更樂於擁有的企業。

「目前我們每週工作二十到三十小時，每年享有八週的真正假期，收入也大為增加。」派翠絲說。事實上，派翠絲和羅伯越是放開日常業務，授權給他們的團隊，公司就變得越強大，利潤也越高。

太多企業從不曾挖掘出員工真正才能的萬分之一。這是多麼巨大的損失，而這些公司的主管或許永遠都不會了解。但你的公司不一樣。一定要讓你的團隊參與公司的發展。這麼一來，將不再是你推動著他們前進。相反地，你將得到他們的助力，一起向前。

實現你的使命

FACTS工程公司是一家高度專業化的製造商，專為其他製造商產製控制裝置。創始人羅恩・麥維提是佛羅里達州聖彼得堡市的一名電力工程師，最初在自家車庫創辦了這家公司，但是二十五年來，羅恩和他的團隊已將這家公司發展成為利基市場的領導者。打從一開始，羅恩便堅守一個目標：要讓自動化變得簡單、經濟。如今，他的公司共生產三百種不同產品，提供許多產業使用。

當我在二〇一五年第一次和羅恩合作，他和他的運營長瑞克已建立了一支堅強團隊，但他們仍然是統籌一切的黏合劑。只有他們兩人握有完整的拼圖。他們習慣包辦所有工作，關於客戶和戰略的所有機構知識都在他們腦子裡，只在必要時透露一點。作業流程非常瑣碎，各部門主管經常浪費時間做重複的工作。生意不錯，但應該可以更好。領導團隊成員之間的隔閡和缺乏互信加重了團隊的壓力，損害了公司的整體表現。

「公司規模較小的時候，很多事情（我們）自己來就行了，」瑞克說：「那時候，我們幾乎可以掌握每件事的脈動。但現在我們的規模擴大了十倍，擁有更多產品和海外製造合作夥伴，而不知不覺中，我們過去的經營方式阻礙了公司的發展。」

瑞克和羅恩舉行了一系列全公司的會議，讓所有人分批接受為期數天的密集訓練計畫。該課程要求員工以新的方式看待自己、彼此和公司。宿怨被化解，整個團隊的壓力減輕，目標變得明確。接著，羅恩把握這好的開始，對整個領導團隊的持續受訓和發展進行了投資。每個月我們都會對領導團隊進行輔導，每一季我們會有一天退到局外，客觀地回顧進展情況，並且擬定下一季的計畫。羅恩的團隊在整個組織中推行自由方程式，讓各個部門制定自己的一頁行動計畫，重新規劃他們的工作週，讓每一個主要成員都能擁有每週共計六小時以上不受干擾的專注時間，這些時間以一到兩小時為單位，分散在一週當中。

如今，整個公司都了解 FACTS 的使命，每個部門都在做些什麼，以及他們各自的大石計畫是如何融入公司整體前景。這種和公司使命的進一步連結，讓團隊成員感覺自己參與了盛事。當公司獲得產業收益，團隊也感到與有榮焉。

這種連結對大局的一個直接影響就是，它讓整個團隊的能力發揮到極致。例如，兩年前，FACTS 開始推出他們的新控制板 P1000 產品線。這條新的產品線是巨大突破，相當於他們產業的新款 iPhone。他們設定了一個野心勃勃的目標日期，要在二〇一七年九月把 P1000 推介給全世界，比他們預定的產品完成時間足足提前了一年。

由於整個公司都明白這條新產品線的重要性，以及它在公司長程願景中的位置，因此所有成員無不為了達成目標而竭盡全力。品管團隊發明了一種新的測試夾具流程，加快了零件測試。接著他們又建立了一套批量採樣測試流程，進一步加快了測試速度，同時降低了成本。生產團隊想出一個流線包裝系統，再次加快了生產過程，降低了成本。此外，整個領導團隊自動請求前往台灣，和他們在當地的主要供應商展開十天密集會議，以求找到縮短開發週期、確保能追上緊迫的產品上市日期的方法。

最後，每個部門全都主動找到了方法來削減幾小時、幾週的工作時間以及成本，共同追求公司的宏大目標。二〇一七年十月三日，他們堆出了這條生產線，晚了三天，但基本上提前了一年。

「我們不僅學到許多科技解決方案，去克服我們面臨的問題，更重要的是，我們的領導團隊在這過程中真正成熟了，」羅恩分享：「這段經歷讓我和我的所有夥伴堅信，當整個團隊朝同一個目標努力，能取得的成就會有多巨大。如今，我們的獲利前所未有地豐碩，但這次經歷的真正收穫是，我們團隊的自信和投入程度達到了公司創辦三十年以來的最高點。」

發展公司是一項艱鉅的工作，為了達成這目標，你需要你的員工發揮才能、洞見和創造力。而讓一個人發光發熱的最佳燃料是意義。意義激發情感，情感激發行為。

領導者要建立一套所有利害關係人用來解釋業務及其業務關係的陳述（narrative）。你的工作是幫助所有員工把他們的工作和公司在世上所創造的價值連結起來。你當初為何要創業？不要只看表面的答案，像是「我們替許多製造商生產模擬控制單元」，試著深入挖掘一些更讓人心服、更廣泛的理由，來解釋你為何從事這一行：「我們使自動化變得簡單而經濟。」身為領導者，你的工作便是找到各種充滿創意的方法，把你的團隊所做的事和這個更深遠的使命連結起來。

這是我對茂宜企畫顧問公司的陳述：沒錯，我們是北美首屈一指的企業訓練公司，服務對象是年收益在一百萬到五千萬之間的業主經營企業。但我們實際上做的是幫助企業主重新愛上自己的公司——為了他們的企業所影響的許多人的生活、他們所創造的價值、他們雇用的人、他們所賺取的利潤以及他們享受到的自由。這就是為什麼我們的領導團隊非常用心地不斷在公司內部分享客戶的成功故事。重要的是要讓我們的每個團隊成員都明白，他們所做的不只是更新網站、組織會議、打銷售電話或者付款給我們的供應商。事實上，他們當中的每個人，都正以一種無比真切的方式，幫助一個因為事業「有成」而煩惱的企業主更快速地成長，增進公司的戰略深度，進而讓他們團隊中的每個人都受益。

在週一早上的電話會議中，我們常會請幾位輔導員分享客戶成功的故事。在每月的全公司網路會議上，我們會邀請不同的客戶來參加並分享他或她的故事，聊聊加入輔導計畫是如何幫助他們取得成功，影響他們本身以及他們的員工和家人的生活。在每一季的現場活動中，我們會聽見許多故事，敘述著這計畫對我們的客戶以及他們團隊的生活的影響。

我們花在蒐集、分享故事的心力有助於我們的團隊將自己的工作與公司的使命連結起來，因為這些故事說的是，我們的團隊如何共同影響了數千位客戶及其員工的生活。我們無比真切地知道，幫助客戶這件事直接或間接改善了千千萬萬人的生活。這很可能是我們每個人除了撫養關愛家人之外，在這世上所能做的最了不起的服務之一。

輪到你了：你的公司所投入的更為深刻的使命是什麼？你**真正**為客戶做的是什麼？你是否有效地和你的團隊分享了這個訊息？你的每個團隊成員是否都明白，他們個人每天所做的事是如何與這個深刻的目標緊密相連？你的工作就是幫助你的團隊建立起這份至關重要的連結。

和你的團隊分享方程式

你準備好讓你的團隊充分參與了嗎？回到本書第一部討論的自由方程式四步驟。不過這次，有意識地和你的團隊步調一致地完成所有步驟。

和你的團隊合作，共同打破你的組織鏈中關於如何工作、該把時間和心力放在哪些地方的各種前提。挑戰現狀，起個頭，承認組織中也許有一種更好的做事方法，一種可以讓團隊的每個成員全心投入，同時又能擁有個人生活的方式。一種不鼓勵長時間、低價值工作的方式。然後，你們所有人共同針對組織中的一些推動行為的作用力和限制性的信念，加以認真、徹底地檢視。討論一下，如果你打算挑戰那些你的組織在不知不覺中吸納的限制性信念，他們會有什麼看法。這種轉變對你的團隊成員、他們的家人、你的客戶、你的供應商和外包商會有什麼影響？他們對這一切做法會有什麼感受？值得一試嗎？注意，這時你不是在試圖說服或勸說，而是試著提出一些新的可能性，為了進入下一步而鋪路。

一旦你起了個頭，就可以更進一步，幫助你的團隊成員各自找回每週幾小時的黃金時間和專注。支持這個看似簡單的步驟，計劃性地為每個主要成員安排一個專注日。即使只是每週二的一個兩小時的時段，這段重新找回的寶貴時間都能讓他們體會到，不受干擾的專注時間所能完成的任務。引導你的團隊建立屬於他們的時間價值模型，讓每個人了解自己的 A、B、C 和 D 級活動。鼓勵他們在每個推動日安排一個至少一小時長的專注時段。商量出一些互相支援的簡單方式，來補足專注時段造成的空檔，讓彼此可以更巧妙地利用這些時段來進行 A 級和 B 級活動。在這過程中，要認真討論大家對公司內部溝通方式的期待，以及溝通文化的建立。

一旦你開始得到動力，可以持續創造專注時間，就要更有策略性、更敏銳地決定你要利用這些時間來做些什麼。讓你的主要成員參與制定你們團隊的一頁季行動計畫表。指導你的主要團隊成員制定、使用他們自己的一頁行動計畫。一開始先使用每週大石報告，把你的行動計畫和你的一週工作連結起來，然後互相打氣，確實執行各自的滾動式九十天行動計畫。

最後，建立一些把流程和步驟形式化的業務系統和內部控制措施，來維持變革，讓你的團隊能以更少的時間、精力和心力，持續在特定職務上取得重大成果。認真考慮給團隊進行交叉訓練，讓員工不斷成長，以便增加企業深度。有意識地打造公司文化，讓改良過的新合作方式成為公司的一個新前提。

總之，如果你想加速前進，就必須得到你的團隊的充分參與和支持。你的團隊——他們的才華、技能、創造力和精力——是推動你的公司快速前進的燃料。

在下一章中，我將分享一種對於發展你的團隊極有幫助的超能量。我將逐步引導你發展、部屬這種超能量，來創造突破性的事業成果。

第 6 章

加速器二：成為一個好教練

如果本書的前半部是關於你個人如何使用方程式的核心步驟，以便為你的公司和事業創造更多價值，那麼它的後半部便是關於如何利用你的團隊加速前進。你可以使用的最強大工具之一就是：成為團隊的好教練。也許你無法全權決定誰會成為你的團隊成員，但你可以全權決定要如何和他們合作，來幫助他們把能力發揮到極致。關於這方面，職業運動界有些事非常值得我們學習。

在這個高風險、高壓力的世界，人才的管理動輒得花上數十億美元。世界十大職業運動聯盟每年產生四百五十億以上的營收。達拉斯牛仔隊（ＮＦＬ美式足球聯賽）、曼徹斯特足球聯隊（英格蘭超級足球聯賽）等九家明星球隊的總值都超過四十億。還有球員們本身。ＮＦＬ球員的平均收入是兩百一十萬美元，收入最高前五名球員在二〇一八年賽季的平均收入為四千八百八十萬。在英超聯賽中，二〇一七年球員平均收入為三百五十萬。收入最高前五名球員本賽季平均收入為一千九百七十萬。這還只是他們的薪水。由於高度依賴這些球員的表現，球隊在設施、醫療、支援人手和教練上的花費總計高達數億。因此，很容易理解為什麼球團會付給頂級教練如此高薪。二〇一七、二〇一八賽季，ＮＦＬ前十名九百七十萬。

教練的平均收入估計為八百萬。同年，收入最高的十位英超聯賽教練平均收入為

頂級教練的生死取決於他們發展、培養和領導團隊以取得具體成果的能力。傑出的教練會想方設法協調、團結眾人，他們能激發出球員最出色的表現——在一個賽季，甚至整個職業生涯。同樣地，你能不能加快自由方程式的進行，主要取決於你是否能成功地指導你的主要團隊成員，為你們的集體目標作出積極貢獻。

我的好教練初體驗是在一九八六年。那年生於澳洲的李克・帕瑟（Ric Purser）成為美國國家男子曲棍球隊總教練。從澳洲維多利亞州被招募來的李克移居到美國，接掌一支處境艱困的國家隊。他是擁有三十年教練經驗的前明星中鋒。他帶領我以及美國新一代的國家隊隊員，把我們培養成具有競爭力的國際級運動員。一趟相當艱苦的歷程。李奇從教練職退休後，我經歷過別的教練，包括為國家隊效力的期間，以及為外國俱樂部球隊打半職業球隊的那幾年。我體驗了好教練對我個人，以及我所屬球隊和對手球隊的轉變性影響。我曾經看著較弱的球隊在出色教練的指導下茁壯成長，也難過地看著我效力的頂級球隊在糟糕的教練指導下一蹶不振。我的曲棍球生涯是相當好的教育，可以顯示合宜的教練方式是如何發展、引導出球隊整體的最佳表現。

當我因傷在一九九五年結束職業球賽生涯——就在我生平第一次有機會參加奧運之前——我轉任教練職，成為俄亥俄州立大學的助理教練。打國際球隊的那

幾年，我也得養活自己，而我的工作就是擔任球隊教練，男、女球隊都有。當時我對如何吸收運動員參加全美大學體育協會一級（NCAA Division 1）比賽一無所知，也不懂如何組織賽季的複雜後勤工作，或者引導學生運動員度過大學生涯，但我懂得怎麼教曲棍球。

我加入俄州大學教練群的時候，該校球隊剛經歷又一個輸球賽季，而下一個賽季的前景更不被看好，因為擔任首發的十一名球員中，有九名是大一或大二生。身為助理教練，我被當時的總教練凱倫・威弗指派個別指導每一名學生運動員，提高他們在賽場上的技能和表現。我在球隊的第一年，我們跌破所有人的眼鏡，享受了球隊史上最強的賽季之一，包括打入NCAA一級聯賽全國排名前十名。第二年，也是我在該球隊的最後一年，我們迎接了又一個勝利賽季，進入全國排名前二十名。

過去二十年，在我和企業主以及他們的高階主管合作，幫助他們擴大規模，讓他們的公司成長的過程中，總是努力將我的教練技能從運動轉移到企業領域。我看著我們的客戶在出色輔導下茁壯成長，公司的年平均成長率比美國私人公司平均水準高出五倍。**說到讓公司更快速地成長、成熟，你能培養、運用的最強大技能之一便是，成為團隊的好教練。**

在本章中，我將和你分享我在運動員和教練——包括擔任創業者和企業主的教練——的綜合職業生涯中學會的，成為一名出色教練的關鍵。我會給你一個堅實基礎，讓你引導你的團隊把能力發揮到極致。首先，我們要釐清你身為教練的最重要責任。

教練的四個職責

身為教練，你有四個主要職責。

挖掘一流人才

任何教練最重要的一個工作就是召集頂尖球員。儘管這主題有點超出本書的討論範圍，但我還是想和大家分享一個許多惜才愛才的優秀企業領導人的共同點：他們花了一輩子建立深厚的人際關係，以便為他們的團隊挖掘人才。

可別抱持輕忽的態度，以為只有為了填補特定職位空缺才需要求才，或者更糟，認為那是人力資源部門該負責的事，不需要你費心幫忙。相反地，無論你到哪裡，都要時刻留意卓越的人才，也要仔細記下誰是頂尖好手，或者哪天可能成為頂尖好手。努力培養日後可能帶來重要聘才機會的長遠人際關係。《紐約時報》暢銷書《獵才絕招》（Who: The A Method for Hiring）作者、獵才專家斯馬特（Geoff Smart）與我分享他的心得：

「所有一流企業的執行長和領導人都知道，發掘卓越人才的最佳途徑就是透過人脈。他們不斷向自己人際網絡中的人打聽，有沒有合適人選可以引介，好作為未來可能的頂級聘雇對象。他們在整個職業生涯中持續這麼做，而不只是在需要填補職缺的前兩個月。事實上，在我們關於聘才最佳實務的完整研究中，有七成七接受我們訪談的產業領導人表示，他們是透過個人關係網絡的管道覓得最佳員工的。一流企業主總是努力建立豐沛的人脈，以便挖掘可用的人才。」

下次你去參加產業貿易展，不管是和外包商或供應商一起出差或合作，記得豎起你的獵才觸角。當你發現眼前出現一個在工作上表現出色的人，想辦法和他們保持聯繫，並且開始建立真正的關係。也許是寄一張手寫卡片給對方，打電話聯絡，甚至不時邀他們出去吃頓飯敘舊。就算你始終沒雇用這些人，他們都是潛在的人才探子，你可以利用他們來幫你找到其他有才幹的一流員工。

激勵現有人員發揮長才

當然，你巴不得馬上組成一支超級明星隊，可是我們實際點，你可能沒有大量時間和預算，可以招募大批你行業中的佼佼者來為你效力。就算你有，也得花好幾年時間來召集、整合這支團隊。也因此，身為一名教練，你的一個主要職責就是，讓現有的人員發揮最大才能。

好教練懂得把球員放在合適的位子，賦予他們明確的任務。他們有辦法讓這些「明星」的自尊得到平衡，因而提升球隊水準，而不是拖累其他人。他們總是能讓一群踏實、不炫耀的雜牌軍將才能發揮到極致。

輪到你了：停下來，想想你的團隊。目前你是否把你的成員們定位為擁有最佳表現的群體？是否有成員被你塑造成一個實際上有礙他們發展的角色？你有沒有讓低價值的工作和毫無效能的要求佔據了最佳生產者的時間和心力？你該如何在部屬、保護團隊方面作出一些路線修正，好讓你現有的成員陣容創造更多價值？

培養人才、建立深度

擁有一個出色賽季，或者建立長期的成功表現，兩者的差別就在於，栽培你現有的每一位團隊成員，特別是那些有潛力成為未來明星的菜鳥。

要如何幫助你的員工在專業上發展，培養技能，獲得能夠迎戰各種新情況和新挑戰的豐富經驗？好教練能幫助他們的球員確認具體的技能項目，以及磨練這些技能的步驟。他們為團隊成員擬定學習計畫，讓他們逐步承擔更大責任，同時引導他們在經驗中成長。

然而，除了和主要下屬進行一對一合作，好教練也會建立致勝計畫。該計畫由一個經過交叉訓練的團隊、健全的業務系統和充滿活力的公司文化（即第四章討論的戰略深度凳子的三隻腳）所組成。久而久之，這三個元素一結合，將以一對一指導無法達成的方式，對你的團隊產生潛移默化的影響。

堅守企業核心

教練的最後一項責任是有所堅持。儘管彈性和創造力有助於你找到部屬團隊、健康地吸收並利用變化的新方法，但最好的教練都會堅守一個不變的核心——關於比賽該如何進行的一種路線或視野。

對蘋果的賈伯斯來說，它是設計。他想製造出非凡的產品，也就是它們無論在形式或功能上都必須是美麗、優雅的。

對比爾・蓋茲來說，它是他對吸收其他軟體產品的精髓的癡迷。蓋茲和微軟很少跑第一，也很少一開始就是最優的，但隨著時間過去，不懈的學習、反覆運作和不斷改進使他們成為最優的，尤其是他們的整合式企業應用程式套件。全球有十二億人使用微軟 Office 是有原因的，而這原因就是蓋茲對他的企業核心的堅持。

就拿我的企業訓練公司來說吧，我堅持的核心是我們必須身體力行。如果我們真想建立世界上最好的企業培訓計畫，就必須採用我們所主張的方法和架構。我們必須是我們自己計畫的產物。這一理念使得我們十多年來一直保持兩位數的成長，以及傲視業界的客戶成功率。

輪到你了：你堅守的企業核心是什麼？在你的業務中心，你絕不會妥協的東西？身為領導者，你的工作就是豎起這面旗幟，然後持續不懈、頑強、創新地讓你的團隊緊緊跟隨。

指導主要手下的技巧

訓練需要時間。這是一項長遠投資。要做好這工作，同時處理好公司派給你的所有其他任務，你必須集中心力，把它投注在少數幾個你準備特意栽培的人身上。久而久之，你將可以在獲得更多動力、更快速地前進的同時，督促他們開始指導、培養一小群他們打算親自輔導的人。[12]從小處著眼，也許先確定三個主要人員，把你有限的時間和心力花在幫助他們成長。利用一些專注時間仔細想想，你對這些主要人物的發展有什麼看法，無論是在你的組織內，還是——忍住淚——在其他組織。他們的優勢是什麼？你要如何善用它們來讓公司達到目標？他們的弱點是什麼？那是他們能夠克服的，還是說，身為一個領導者，你應該透過你分派給他們的角色和輔助人員，來「導正」任何潛在的缺失？你能提供哪些足以對他們和公司發揮最大幫助的經驗？

和每個人單獨談談他們對自己以及他們的事業的看法。儘管你對他們有些看法，但他們同意嗎？他們對自己的看法是否和你提供的外在觀點一致？倘若不一致，你們能從這種不協調當中學到什麼？對他們來說最重要的是什麼，不管在個人和工作方面？什麼能讓他們從工作中獲得快樂和滿足？**一流教練會幫助他們的球員找到一個能充分發揮貢獻的角色，並且鼓舞他們感覺自己正參與某種盛事。他們會引導球員在今天的表現，以及可以帶來更大能力和貢獻的明天的成長之間**

找到平衡。

如果你有過一個你樂於為之效力的老闆，那麼他或她八成花了時間了解你，而且為你鋪排好了在公司內的成功之路。這正是好教練會為球員做的事。

要定期和你的每一個主要成員會面，每兩週或每月一次，進行正式的輔導。雖說你和他們很可能有很多別的互動，但這種定期會議能促使你們雙方投入時間、心力和精力來幫助他們發展並獲得你要他們達成的工作結果。如果你們每兩週會面一次，那麼三十分鐘就很足夠了。如果是每個月一次，就預留四十五分鐘到一小時。

如何組織正式的輔導會議

有個固定的架構會讓指導主要成員的工作容易許多，也會增強這些會議的影響力。以下是關於這類輔導談話的一種行之有效的形式。

1. 取得更新報告

每次的輔導談話，一開始先詢問員工上次談話後，他們所進行的一到兩個最重要計畫的最新進展。我鼓勵你使用第三章中討論的大石報告，來獲得你所有直

12 原註：我將在第七章「培養你的領導團隊」具體說明如何培養你的領導班子。

接下屬的報告。這不只能讓你了解他們手上的工作，也能讓你深入觀察他們眼中的優先事項、勝利和挑戰。

如果你平時就收到他們的每週大石報告，那麼在輔導課程開始時，就不是要求他們提供一般的更新報告，而要根據上次見面以來他們所分享的東西，準備一些評語或問題。例如，你可能會說：「我看了你的大石報告，你和你的團隊開會，準備重新規劃員工調度流程。進行得如何了？」或者，「我真的很高興你的團隊在截止日期前提出了我們對洛克威爾案的投標。我了解你們的時間很緊迫。你對事情的發展還滿意嗎？你和夥伴們是怎麼慶祝這個里程碑的？」

如果你沒有員工的大石報告或類似的東西，就請他或她在會議開始時，提出一個約三到五分鐘的更新報告。當他們向你提出更新報告，一定要做筆記。除了快速了解情況，這幾分鐘也讓你有機會確認責任歸屬，既包括他們過去所作的承諾，也包括日後你想捕捉、追蹤的事項。而且這也讓你有機會發現、嘉許團隊的進步。據我觀察，許多企業主不太懂得該如何幫助他們的團隊了解、**感覺**到自己正在取得的進步。一流教練都知道，把注意力放在球員的進步上，不僅能激勵你的團隊堅持到底，還能強化你想看到的行為。相反地，如果你只關注他們的失敗，實際上會強化他們的錯誤行為。如果你有過泛舟經驗，應該會明白我的意思。

有孩子前，我和妻子海瑟經常去划激流獨木舟。我們學到的一個原則是，當你沿著激流而下，別去看你必須避開的岩石。當你看著它，你往往會不自覺地重新調整身體，朝著岩石直直衝過去。相反地，應該把注意力集中在你想去的地方。

這似乎有悖常理；你可能會覺得，如果你想避開岩石，就要緊盯著它才對。但我可以憑經驗告訴你——眼睛盯著岩石，你就會撞上岩石。所以在事業上，就像沿著激流泛舟一樣，要把注意力放在你想去的地方，以及你希望員工表現出來的行為。

2. 設定並嚴守議程

沒錯，每次輔導會議都需要設定議程。一流教練都知道，為了充分利用有限的指導時間，他們需要為每一分鐘的操練擬定具體計畫。在輔導會議中，你最想討論的兩、三件主要事項是什麼？把你在議程上列出的事項及其原因告訴團隊成員，然後請他們加入自己的事項。問：「你還有什麼希望我們今天一定要討論的？」如果他們提出了，一定要列進去，不管是在本次會議，或者另闢時段專門討論。

我想提醒你，把討論事項控制在三件以下。如果你給員工十七個不同待辦事項，會把他們累垮。無論何時，好教練會專注於少數幾個指導點，但他們會確保這些都是重點。這時應該求精不求多，堅守一、兩個或三個能產生最大效力的指導點。

3. 評估主要的交付事項

你的員工想必在上一次輔導談話中承諾了幾個交付事項。這時你便可以確認責任歸屬，並且詢問工作進度。重要的是，你不能憑記憶來追蹤你的下屬正在進行哪些案子。當你忙著經營一家公司，很可能會忘了每個員工應該要彙報什麼，所以要記錄下來。一流教練都了解生活會有多混亂、多匆忙，並且對他們所有的重要球員進行詳細的記錄，記下他們的進步，捕捉一些能幫助他們發展得更快速、表現得更好的想法。拿我個人來說，我會為我目前在公司內輔導的五位直接下屬分別建立標籤頁式的日誌。我的許多輔導客戶喜歡用各種雲端應用程式，但我還是偏愛紙筆的實體感。重點是選定一種工具，然後充分加以利用。詳細的筆記可以讓事情更明確。而越是明確，你的指導就越有效。

4. 決定後續步驟

正式訂出你希望該團隊成員下次向你報告的所有重要行動步驟。同時安排下一次輔導會議的時間。

設定會議頻率時，務必要把每一位重要團隊成員分開來考慮。記住，不同員工需要在不同級別的指導下茁壯成長。對一個自主性強、異常忙碌的員工來說，你只要每個月輔導一次就夠了。相較下，一個經驗較少或責任感較淡薄的員工，可能需要每週或兩週一次的輔導，來取得更大的進步。

5. 發送會議摘要

輔導會議結束後，要你的員工發送一份簡略摘要，列出你們在會議上達成的共識：誰該做些什麼、完成日期以及如何結案（close the loop）。結案通常包括在方案完成的時候通知其他人。具體說明發送通知的方式，是透過電郵或者專案管理工具。是親自報告，還是在下一次輔導會議中告知。

注意我說過，這份摘要應該由你的員工管理，而不是你。為什麼？兩個原因。首先，你很忙。你的壓力和職責已經夠多了。把工作量分給別人可以讓你空出一些時間。再者，你可以建立一個重要的反饋迴路，來確保你的團隊成員了解你所討論的行動步驟。萬一會議摘要中有什麼疏漏或誤解之處，你可以立即發現哪裡溝通不良，並且迅速加以釐清。儘管如此，你還是得保留一份你自己的摘要，以備日後參考之用。你的員工應該盡快發送會議摘要，最好是在輔導結束後半小時之內。他們越快寫摘要，溝通也就越清晰。此外，要求快速發送摘要也能強化責任歸屬的重要性，顯示出你對預定完成事項的執行與貫徹的嚴肅態度。會議一開始便要求他們排出五到十分鐘來寫摘要。

遵循這五個步驟，你的輔導會議將變得更加豐富、有成效。你將可以強化你樂見的行為，和團隊成員建立更明確的溝通，讓待辦事項更順利地完成。從長遠來看，這過程將幫助你培養你的主要手下，讓你的團隊朝著重要目標加速前進。

以問代答

教練的最大錯誤之一是，認為教練的工作就只是告訴球員該做什麼。一流教練會培養他們的球員，而最好的培養方法就是讓他們接受漸進式的挑戰。好教練會讓球員不滿足於得意洋洋的現狀，奮力想跨越界限，進入他們夢想的下一階段。而最大的獲益和成長也就發生在這個能力的邊界上。

沒錯，直接告訴員工他們該做什麼確實簡單又乾脆，但這不會帶來大幅成長。事實上，時間久了，專制地告訴你的團隊該做什麼、怎麼做，將會削弱他們的能力。你的目標不是要培養一群對你言聽計從的跑腿小弟。這會讓他們有種感覺，你要的只是他們的勞力，而不是他們的腦子，當然更不是他們的心。

當你提出的要求有助於激發團隊的洞察力和行動步驟，他們便會成長。下一階段也歸他們所有，因為那是他們的信念，這種擁有感會讓他們力求表現。此外，這做法會增進他們的能力，因為比起只是聽從指令，這對他們的要求更多。

當團隊成員問你該如何解決某種挑戰或問題，克制一下反射性反應，不要直接給出答案，讓他們獨力解決自己的挑戰：

激發擁有感的問題：你認為現在該怎麼做？

問他們所提出的第一個解決方案的理由。如果行得通，就鼓勵他們進一步探索。

探索性問題：你認為這問題的真正原因是什麼？你認為要提出這問題的解決辦法，最重要的一個因素是什麼？你認為解決這問題時，必須謹記在心的一些重大變數是什麼？

萬一你最初的提議不可行，你打算怎麼做？為什麼？這個解決方案有哪些地方勝過你的第一個解答？什麼情況會讓這變成較差的解答？

如果聽來合理，就要求他們提供更多解答。最後，鼓勵你的團隊成員整合自己的想法，問：

激發擁有感的問題：想想你剛才分享的關於這問題的所有提議，你認為現在該怎麼做？

通常，把他們的兩、三個答案綜合起來，便能得到最好的解答。你真正需要做的不是提供答案，甚至也不是聆聽，而是激勵他們充分考慮問題的各個面向。把這當作「以刀磨刀」的對話，你的角色不是要給出答案，甚至不必有答案，而是幫助他們充分思考整個情況，找到自己繼續前進的道路。

一點一滴地灌溉

記得幾年前，我和妻子請人為我們建了一個新家，房子很漂亮。我們搬進去時，園丁們又添了一些新樹木和灌木。他們很清楚，我們必須每天替那些新植栽的根部澆水，這樣花木才能站得穩。「澆水一定要適量，」他們交代說：「少了，根扎得不夠深；多了，會把表土沖走，因為在一定時間內，土壤就只能吸收這麼多水分。」

令我驚訝的是，我們的員工很像那些新樹木和土壤。如果我們沒有經常用意見回饋灌溉他們，他們會因為缺乏關注而枯萎。但如果我們一下子灌輸給他們太多意見和信息，他們會負荷不了，甚至關機。做為優秀的員工教練，關鍵要素之一就是，拿捏提供意見的時機。我能給你的最佳建議是：一點一滴地灌輸信息，不要一下子把他們淹沒。

我經常看見這種錯誤。企業領導人很想提供協助，他們有太多卓越的想法和建議，有時巴不得一股腦分享給員工。還記得我輔導過的一位滿腦子創意的執行長。他每個月讀好幾本書，聽 Podcast 音樂，有一顆從不關機的腦袋。當我剛開始和他合作，我看到他每一季總會丟出幾十個「絕妙」點子，把他的領導團隊弄得暈頭轉向，卻缺乏深度，無法貫徹落實。淹沒在他的大量提議和期待他們改變的要求中，他手下的反應就是等他說完。他們不停點頭，但似乎從沒打算照著他的想法去做。他們很清楚，他今天的新點子將會被下週或下個月的其他點子給取代。所以，他們光是點頭附和，然後忽略他的意見。

我和他合作的首要工作之一是，看看這種不斷把意見和點子丟給團隊的做法會造成什麼影響，以及對公司整體表現的負面作用。接著，我們一起把他的想法篩選出一、兩個最好的，並且和他的團隊分享。他學會了讓他的團隊真正地參與，讓他們能有效地實施這些精選的絕妙點子。一旦他的某個重要點子開始施行，他接下來的任務就是，確保他不會用更多點子灌溉他的團隊，以致把表土沖刷掉；相反地，他學會了不斷回頭檢視那些少而精的事項，並且支持他的團隊執行這些想法。最後，他了解到，一個實施得極為成功的點子，比幾百個從未扎根的浮泛想法有價值得多。過去三年，他的公司經歷了史上最大成長，營業利潤翻了三倍。

老實說，身為企業主，這是非常艱難的一門功課。我腦子裡總是充滿各種想法。我想幫助我的員工，為公司創造價值，因此我總忍不住要把大堆意見一股腦丟給我的手下。

隨著年紀增長，加上輔導的企業家和執行長越來越多，我逐漸意識到，多不如精。現在，我會過濾我的指導建議和意見，把它們濃縮成輔導當時最重要的一、兩項。我會把沒說出來的想法保留到日後，但大多數始終用不到。我了解到，一、兩個真正被接納、嚴格執行的深刻見解，抵得上幾百個隨口丟出的指導意見。而且你知道嗎？我的公司和我們輔導的企業都蓬勃發展。根據我們追蹤的每一個有效性標準，我們發現，分享少量的基本指導技巧——一點一滴慢慢給，所產生的回報遠遠大於一口氣提供大堆意見。你可以提升、培養你的成員，讓他們獲得最大收益，享受最大成長，方法不是給他們更多，而是每次只關注少數幾件事，而且確保它們全都是重要的事。

輪到你了：你如何讓你的團隊有更好的表現？你有沒有給你的成員一些小而具體的指導建議，讓他們能一口吃掉，然後找到創造性的方法，不斷創新地強化這些最重要的原則？你的真正目標不是賣弄聰明，而是讓你的成員吸納、整合並且完全擁有那些最重要的意見。

持續不斷地輕輕施壓

儘管你可能無法一開始就讓員工接受某個想法，或者吸收、應用某個重要建議，那麼堅定不移地輕輕施壓可以創造奇蹟。

我曾輔導一家小型區域連鎖零售商店的老闆。這位店主告訴我，由於他們的商品項目和組合極為廣泛多樣，公司平均得花三年時間來培養一名新的銷售專員。在隨後的輔導談話中，我們清楚了解到，公司最大的限制因素之一正是找到並留住優秀的銷售專員。

當你指導經驗豐富、能力出色的人，最好的輔導效果往往來自幫助他們挑戰自己的一些不再適用的既有假設。對這位企業主來說，阻礙她進步的一個假設是，認為全面培養一名新的零售銷售專員需要花三年時間的既定觀念。挑戰根深柢固的觀念是一種棘手的工作，而在類似情況下，最好的輔導策略是，注入懷疑，或者另一種可能性的種子，並且讓種子依照對方自己的速度成長。你要經年累月地用關注一滴一滴灌溉種子，同時要避免催逼得太厲害。

我早期和這位店主的某次交流大致是這樣的：

對零售店主的輔導：我知道，過去你得花三年時間來訓練一名新的銷售專員。但根據我在其他公司和行業看到的情況，我相信你可以把時間縮短。我們來做一下動腦實驗，妳要如何在一百八十天或更短的時間內，讓一名銷售專員受訓完成並且成功銷售商品？

店主最初反應：不可能，我們辦不到。我們已經想盡辦法縮短週期，真的沒辦法。

輔導者：好吧，我知道沒辦法；起碼妳還沒想出可行的辦法，先把這問題擺在一邊，我只想問妳，如果有辦法做到這點，對妳的公司會有什麼影響？

店主：影響太大了。公司的壓力會減輕很多，而且可以賣出更多商品。

店主繼續往下說，列出一旦找到方法，公司將會獲得的各種好處。最後她說了一句：「但真的辦不到。」

輔導者：好吧，目前妳還沒想出辦法。妳能不能幫我個忙？玩一下創意，把這想法當成一顆種子放在腦子裡，每當妳不經意閃過一個點子，把它寫下來，拿來和我分享，好嗎？幾個月後我會再提起，可以嗎？

經過兩個月、四次輔導，當我再度提出這想法，我遇上一堵堅不可摧的牆：「不可能。」這次我依然沒試圖用蠻力把牆推倒。

輔導者：了解，解決問題的時機還不成熟。繼續琢磨，相信妳遲早會領悟到該怎麼做。我會另外找時間問妳，好嗎？

終於，五個月後，當我再度問她，我得到全然不同的回答：

店主：我一直在做一些深入分析。我發現，我們有八成營收和利潤來自大約兩成我們目前銷售的商品。事實上，我們的一成商品帶來了超過七成的利潤。我不由得開始想，要是我們簡化產品組合，把一直以來我們供應但銷量不佳的四到五成商品剔除。畢竟，如果顧客要求這些東西，我們還是可以訂貨，但是把它們從賣場移除，不但可以釋出大量壓在庫存上的現金，還能大大縮短我們對新進銷售人員的訓練時間。

於是我們一起擬定了方法來縮減連鎖店的商品規模，標準化他們為客戶設計的「客製化」包裝，並且把培訓流程現代化——目標是把新進銷售專員的學習時間從三年縮短到一百八十天以下。當他們終於在接下來幾個月實施這些變革，他們發現一件有趣的事：他們把訓練一名新銷售專員進入狀況並且順利銷售商品的時間成功縮短到了一百二十天以下！

好教練會一點一滴灌溉他們的球員，直到幾個月前播下的關鍵種子終於生根，破土而出，開花結果。

「一點一滴灌溉」還有另一層意義：把你的獎賞分散到組織的每天、每週和每月當中，而不要讓它變成一年一度的活動。身為領導者，你的主要工作之一是扮演讓你的團隊發揮最佳表現的催化劑。畢竟，任何團隊都希望感覺自己正朝著重大目標大步邁進。你的責任便是幫助他們看見自己的進步。這不只是積極性和參與感的問題，也關係到讓你的團隊專注在那些進行中、你希望看到更多進展的工作上。無論你是在下一次員工會議中表揚戰功，還是每兩週發佈一次團隊最新消息，或者在你走過辦公室時祝賀一下某個當事人，優秀的領導者都會訓練自己去發掘各種他們樂見的行為和進展，這是一種值得養成的強大領導習慣。

「最愛」和「下次辦」

你可曾收到毫無幫助的意見回饋？我猜那多半很普通、抽象而且偶然。和這相反的是你得到重要意見回饋的一次經驗，這個意見對於幫助你進步、取得重大結果起了真正的影響。我猜這個強而有力的意見肯定很明確、具體而且及時。

輔導團隊的工作，有一部分是向他們示範如何提供意見，並且從你每週、每月和每季給予的意見中得到深刻觀察。這裡有個簡單工具，是二十五年前我剛創業時，我的一位企業輔導員和我分享的。這對我拓展多家公司幫助極大，十年來我曾經拿它和數千位企業主分享。這工具叫做「最愛和下次辦」。

每當你必須聽取報告，或每當你徵求員工的意見或心得時，問自己兩個問題：關於這個案子、工作成果或活動，你最喜歡的是什麼？例如，我們最近為企業領導人舉辦了一場關於如何提升獲利能力的為期兩天的會議。活動結束後，我在回程的飛機上寫下我對這次活動最喜歡的地方。

我最喜歡……

- 我的員工針對這次活動的宣傳，促成了我們至今規模最大的活動之一。
- 簽到團隊準備充分，讓所有參加者在會議開始前及時進入大廳、就座。
- 我們和三位輔導客戶——他們同意分享自己應用這次會議主題觀念所獲得的最佳成效的個人經驗——進行的三次現場訪談。
- 我們在當地一家英國酒吧舉行的社交活動。
- 我的員工安排的一對一私人輔導課程，讓初次參加會議的人能和我們的同事各別討論如何妥善運用他們在活動中學到的觀念來發展公司。

第二個問題是，「下次我會有什麼不同的做法？」你要問的不是，「出什麼問題？」或者「我哪裡搞砸了？」而是要問，「我學到了什麼？我觀察到了什麼？我要如何把它們具體應用在下次活動，來獲得更好的成果？」

正面框列（positive framing）是這個工具的關鍵。我給這次會議的「下次辦」項目相對短得多。

下次要……

- 製作一段簡短的活動前簡報視頻，讓參加者觀看，以便從活動中得到更多心得。
- 準備一份精美的會後重點觀念摘要，讓參加者帶回公司。

想像你是舉辦這次活動的團隊的一員。當你聽到一長串你上司發現你做得極為出色的事項，你會有什麼感覺？將來你會不會或多或少重複這些好的做法？當你的上司接著分享一、兩個具體的「下次辦」事項，你會不會更容易接受？這種舉出「最愛」項目接著分享少數幾個「下次辦」事項的模式，可說效果奇佳。對你的團隊持續這麼做的一個附帶好處是，你為他們巧妙示範了如何聽取他們自己的方案和業績報告，為他們本身的成長發揮積極作用。

輪到你了：選一個你或你的團隊最近正在進行的案子。你最喜歡自己或團隊的哪些表現？哪些做法效果最好？下次你希望有不同做法的具體事項是什麼？當你把這和你的團隊分享，不要馬上說出你的想法。先問他們，這次活動當中他們最喜歡什麼，他們的一、兩個「下次辦」具體事項是什麼？聽了他們的想法後，再分享你的。有些甚至可以交叉著說，有助於你了解你們的想法有多麼一致。

很簡單吧？不需要繁瑣的彙報文件，只要兩個問題。我們最喜歡什麼？下次我們會有哪些不同做法？

這裡有個運用「最愛和下次辦」工具的實用小提示。你很可能會忍不住提出太多「下次辦」事項，這點要留意。和新點子一樣，一個實施徹底的「下次辦」事項絕對勝過一百個只做一半的「下次辦」事項。你可以看到，一長串「下次辦」清單往往弊大於利：它們很累人，它們給人一種失敗的感覺，而且根本無法實行。總之，要一點一滴灌溉。

成人對談

當你需要和某人嚴肅地談談，馬上去做，我把這叫做「成人對談」。在你的事業生涯中，難免會遇上某個員工的行為不當，非加以處理不可的時候。也許是發送一封失禮的電子郵件，或者對其他成員或外包商說些難聽的話。

每當發生狀況，需要你去處理，不要拖延。沒錯，穩健的做法是先整理一下思緒，靜下心來，甚至親自徵求別人的意見，但你必須及時把這狀況處理掉。我見過太多企業領導人把頭埋在沙裡，等待風暴過去。這麼做會扼殺團隊的士氣，因為——相信我——所有人都在看你這個領導者如何做狀況處理。你是被原則或者性格支配的？你的最佳自我會挺身而出，專業而清晰地發言，還是你的怯懦讓你乾脆迴避掉問題？或者，你的反射性自我大爆發，很不專業地疾言厲色起來？

進行「成人對談」時，記住三個指導原則。首先，成人對談應該私下進行。也許你會希望有第三方在場，但你絕不會想要在工作場所中進行。第二，把談話重心放在行為、需求和期待上，避免責備、辯解或懲罰。第三，成人對談要等最初的激動情緒平靜下來、腦袋清楚之後再進行，但不要拖太久，讓人覺得事情沒有及時處理。

為了進步而非為了成果而輔導

想成為有效能的教練，最關鍵的一點是要問自己：「我指導這個人是為了取得成果，還是為了他們的發展？」

當你為了**成果**而指導，你會把重點放在當前的表現。注重成果的指導往往比較短，關注的顯然是主要行動步驟、交付事項和績效指標的責任歸屬。如果團隊成員遇上麻煩，你通常會提供他處理該情況的最佳意見，而不會任由他掙扎，甚至產生不盡理想的結果。

注重**發展**的指導重視的是員工的成長，培養能夠提升未來績效的能力和經驗。這樣的輔導課程往往比較長，會花更多時間幫助員工克服困難，得出自己的結論。

這兩種輔導方式都很重要。重點是要弄清楚，為了特定成員或者在特定情況下，你想著重哪一種類型的輔導。例如我提過的泰瑞莎．華森，十多年前她住在達拉斯時，我曾經雇用她擔任遠端行政人員。我很快便發現她精明、負責而且學習慾強。不到兩年，她在我的公司營運上擔負起更重要的角色。再過三年，她主導了公司營運。如今，就如之前提過的，泰瑞莎成了我們公司的營運長。要是當時我們只輔導泰瑞莎扮演好她的第一個角色，我們公司將會蒙受何等的損失。相反地，當我們發現她的才華，我們刻意地決定要長期培養她的技能。我們幫助她累積成長所需的經驗，並且指派我們最優秀的輔導員之一佩蒂和她配合，兩人一對一工作了多年。我們不斷將泰瑞莎推向逐漸到達她能力極限的業務困境，並且指導她自行找出解決辦法來度過難關。最初的難題包括如何將壞消息告訴客戶，後來包括和中級外包商進行契約的談判。過去幾年主要是督促公司的某個部門負起職責，同時指導該部門主管獨力創造好業績。

輪到你了：列出一份清單：你公司裡有哪些成員是你應該負責指導，以獲得眼前成果的？有哪些成員是你該負責提拔、培養的？有了清楚認識之後，問自己，關於目前你指導團隊的方式，你最喜歡的是什麼？基於這個新體會，未來你會有不同做法的一、兩件具體事項是什麼？

能力光譜

你大概見過：一個員工身陷困境，卻沒有能力或經驗去處理。也許他的上司不想管得太細；也許他的上司實在太忙，也覺得很無奈；也可能他的上司根本沒把這事放在心上。

下次，當你打算把一項任務指派給一名員工，先暫停三十秒，問自己一個強而有力的問題：從一到十，這名團隊成員承擔這個特定任務或職責的能力有幾分？

如果你的團隊成員——就叫她瑪莉亞吧——從未做過這類工作，或者欠缺在該領域的技能或經驗，給她打低分，也許一、兩分或三分。如果她做過很多次，在這方面累積了豐富經驗可供運用，你可以給她打八、九或十分。

如果瑪莉亞在一項特定職務的能力得分是三分，你會如何分派工作給她？讓她自己去摸索？當然不行。理想情況下，你可以親自引導她，或者讓她跟在你或其他有經驗的成員身邊學習整個過程。然後，當她的能力得分提升到五、六分，而且風險不算太高，就放手讓她自己試幾次，同時在她下方設一個安全網。要是瑪莉亞的分數是八分，你只要直接交付工作，讓她自己承擔職責，並且透過正常流程結案，也許是用一封快捷的電郵、專案管理工具的便條，或者在她的大石報告中條列出來。

確定瑪莉亞的綜合技能在能力光譜上的位置不僅能讓你妥善地分派工作給她，也能幫助你預測她對於你管理她執行該項任務或職責的方式會作何反應。如果你密切管理，針對每個步驟給她明確的指引，甚至就近觀察她執行所有重要步驟，她的反應是可以預期的。如果瑪莉亞的分數是兩分，她會認為這是很棒的管理。哇，你真的給了她支持和指導，來幫助她成功呢。如果瑪莉亞在光譜上的分數是九分，她會對你的微管理產生反感，說不定還會開始尋找另一個懂得尊重她的能力的老闆。做上司的往往會輕易發一封郵件，或者在會議上指派一項任務，絲毫沒考慮到接收者在這項具體交辦事項或職務上的能力。如果你不確定他們的技能在能力光譜上的位置，可以問他們：「從一到十分，你對處理這項具體任務或案子有幾分把握？」

我之前提過，我有三個兒子：亞當、馬修和喬許。在我努力做個好父親的過程中，我逐漸明白一件事，同等對待所有孩子的做法不但不公平，根本是愚蠢。我的每個孩子都有不同需求。**一流教練絕不會同等對待所有球員，而會公正地對待他們，修正指導方式，讓每個球員發揮最好的表現。**你必須迎合員工的能力，調整你的風格，來幫助他們和你的公司產生最好的集體成果。藉由停下來確定你的團隊成員的技能在光譜上的位置，你將能更有效地調整你的管理方式，來獲得最佳成果，和該成員建立最佳關係，你將促成你的團隊的成功。

對主要成員的輔導是一個可以幫助你在價值經濟中前進的重要槓桿點，但如果你的團隊只有你這麼一個教練，你將會覺得綁手綁腳。你根本沒有足夠的時間或心力去扮演唯一的領導者。為了幫助你的團隊走得更快更遠，你必須學著提攜你組織中的其他主管，讓他們有朝一日也能指導他們的直接下屬發揮最大貢獻和影響力。在下一章中，我將分享我的一些最佳構想，讓你能有效培養你公司內的其他領導人，讓他們能真正地各司其職，進而大幅加速公司的成功。

超值小秘訣：聘請一位教練來學習如何成為好教練

如果你想成為團隊的好教練，不妨為自己聘請一位優秀的教練。企業教練是一個經驗豐富的企業家或高階主管，他們是過來人，可以提供給你外在觀點和建議，幫助你建立更成功的企業，而不必親自經歷所有痛苦的試煉和錯誤。就像運動教練對球隊的做法，企業教練的作用是幫助你專注、規劃、執行、學習和重振旗鼓，讓你朝著最重要的事業目標不斷邁進。

太多企業領導人憑一己之力建立事業，欠缺有經驗的教練提供他們外在觀點和意見回饋。更重要的是，在他們的事業生涯中，沒有人來挑戰他們的想法，質疑他們的傲慢自大。當然，你可能有很多下屬，但是要一個必須靠你支撐他或她全家經濟的下屬正面挑戰你，說一些你不愛聽但亟需要聽的話，未免太強人所難。就像奇異前執行長威爾許（Jack Welch）說的：

「好教練有個極其重要的功能，他們會對你說沒人敢說的真話。」

除了向你的團隊表達你對專業培養的意願和個人承諾，為自己聘一個教練還能縮短你本身成為好教練的學習曲線。

時間與努力經濟說：你自己就辦得到。你沒那閒工夫和預算。只要一點嘗試和錯誤，你可以自己摸索前進。

價值經濟說：利用外部專業知識。仿效行之有效的指導模式。修改業務系統，直接採取最有效的做法。

這裡有幾個可以讓你的企業教練發揮最大作用的小秘訣。

- **選擇一位擁有深厚的經驗和知識基礎可供借鏡的教練。**聘用企業教練主要是為了幫助你避免掉許多企業領導人承受的昂貴嘗試和錯誤。儘管你在業務中遇上的許多狀況（無論是管理團隊、提高銷售、創造新產品、客服或者控制開支）對你來說可能都是陌生的，但你的教練可以借鏡他或她過去的經驗，加上他們輔導過的所有公司的相關經驗，來為你找出一條最佳的出路。
- **選擇一位能用簡單、漸進式的語言向你清楚解釋事情，以便你能加以整合，**

並立即有效地運用的教練。

- **經常跟你的企業教練會面，但不必太頻繁。** 兩週一次是最理想的：夠頻繁，讓你能有效地擔起職責（每月一次通常不太夠），但又不會太頻繁，以致你沒有時間把工作完成。
- **坦率分享你的績效數據。** 沒錯，要把關鍵績效指標、營收、毛利率和營業利潤數據攤在別人面前，著實有點可怕，但是大方公開能讓你得到有價值的外在觀點和意見回饋。不要粉飾任何東西。你的教練不會評斷你，他真正的意圖就只是幫助你成長、成功，而為了做到這點，他需要準確的數據。
- **別只關注一次性的挑戰，要尋找系統性、全球性的解決方案。** 能解決一個挑戰當然很好，但如果能用一種提升你團隊的戰略深度的方式來解決一個挑戰，那就更有價值了。
- **教練不只是導師。** 導師是幫助你成長的好人選，但這種指導關係往往是非正式、臨時的。可是和教練共事就不一樣了。這種關係比較正式，雙方的責任歸屬和可交付成果也很清楚。教練的責任是制定一個漸進式計畫來幫助你達到既定目標，導師則是一個很好的傳聲板，而其中的互動必須由你這個學員負責推動。理想情況下，你可以同時擁有兩者：一個提供工作架構和責任歸屬的教練，以及數個和你分享觀念和人脈來幫助你進步的導師。只是別以為兩者可以互相取代——沒辦法。

- **選一個輔導計畫，不只是選教練。**你需要的不只是好教練，你還需要一個可靠、行之有效的輔導計畫。一流教練都有一個經過設計和驗證的正式流程，來幫助你達到特定成果。據我觀察，一個貫徹執行的周詳計畫所帶給你的成果遠遠超過一個口頭允諾要指導你的企業名人。記住，工作架構加上人才幾乎總是勝過孤立無援的人才。事實上，正確的輔導計畫能確保你的教練在你和你公司的日常運營需求，以及你的長程發展目標之間取得平衡。如果你的教練只是幫助你處理眼前的挑戰，卻沒有給你一個用來充分發展你和你公司的清楚圖像，那麼你所享有的任何進步充其量只是過眼雲煙。
- **允許你的企業教練對你究責。**稱職的企業教練總是會支持著你，有時這也意謂著扮演你事業生涯中唯一敢於挑戰你的人。你的員工無法完全做到這點，因為他們的薪水和事業前途控制在你手裡。
- **不要合理化或辯解既成的現實——就算你爭贏了，最後還是得屈從現實。**想起多年來我輔導過的那些絕頂聰明、口才便給的企業領導人，我不禁想笑。他們都一度以為自己可以用一套精心推演的話術來規避責難或困境。但現實就是現實，客觀事實就是客觀事實。你的教練會幫助你突破自己的合理化想法和幻想，讓你負起全責，當場接受客觀事實。以此為起點，你們可以共同想出一個有效的行動方案，來利用這些事實達到你的事業目標。
- **放下自我，接受企業教練的協助和見解。**你不需要端著架子或者裝作沒事。

你的教練幾乎什麼場面都看過，而且也都處理過。就讓你的教練幫助你從他或她的經驗中學習，而無須經歷痛苦而昂貴的嘗試和錯誤，進而為你省下時間、精力、情感和金錢。

● **不妨也考慮讓你的高階領導團隊接受外來輔導**。根據二〇一五年資誠聯合會計師事務所（PricewaterhouseCoopers, PwC）針對來自一百三十七國的一萬五千多位受訪者進行的一項調查顯示，花在企業輔導的每一美元投資的平均回報率是最初投資的七倍。鑑於你的主要手下對整個公司的影響力，請考慮策略性地運用外來輔導。

第 7 章

加速器三：培養你的領導團隊

在美國，住宅承包這一行仍是一個雜亂無章的縱向世界，由成千上萬的小公司組成，沒有明顯的市場巨頭。在這行業中，「內地露台（Outback Deck）」公司負責人約翰．格沃尼和布萊恩．米勒可說是一個異數。他們成功突破百萬美元營收關卡，凌駕九成小承包商，事業規模也急速擴展。但事情並非一直這麼順利。最初，Outback Deck 只是約翰和布萊恩在他們的福特斯家族（Virtus Family）承包公司所經營的數條服務線之一，專營露台、門廊和庭院附加設施，其他部門則是提供住宅總承包、改建和翻新服務。總的來說，公司整體的總收入維持在三百五十萬美元之譜，儘管約翰和布萊恩已經盡了全力，想把公司推向新的境界。

這是我的團隊剛開始輔導他們的時候。最初，我們採行方程式的四個核心步驟，幫助約翰和布萊恩持續掌控他們的一部分 A、B 級活動，安排他們的專注日，在他們的推動日騰出一個專注時段，並且運用 4D 來減輕或減少讓他們疲於奔命的 D 級工作。

當他們從曾是他們生活重心的電郵、緊急事務的洪流中抬起頭來，我們接著確立了，他們公司和職務上的少而精事項有哪些。結果發現，公司各個部門的表現優劣不一。一項簡單的分析顯示，他們的「內地露台」服務線和品牌是大贏家。它擁有最高利潤率、最雄厚的競爭力和最樂觀的前景。他們可以只是一家住宅總承包商，或者也可以是當地戶外生活空間設施業界（包括露台、門廊和各種庭院設施）的翹楚。他們選擇了後者，而這帶來了極大改變。在我們開始合作的前一年，他們是獲利的，但整體趨勢是，儘管他們的銷售額成長了一成二，營業利潤率卻下降了兩成六。部分原因是服務線的錯誤組合（即露台與改建），但部分也是因為約翰和布萊恩被公司的多頭馬車業務弄得疲憊不堪。他們所享有的成長實際上就像火上添油，只是讓火燒得更烈，整個企業的營運環境充滿緊張和壓力。在約翰和布萊恩釐清了他們的少而精事項之後，他們的公司和員工更容易全力投入一些範圍較小的方案和措施，而每一項都有更高的回報。

「輔導員實際上替我們擬定了第一份季行動計畫，」布萊恩說：「感覺像變魔術。『等等，』我們對他說：『你是說這一季我們不必做兩百多件不同的工作？我們要做的就只是把我們的黃金時間投注在這三個焦點領域？』真是一大解脫啊。下一季，輔導員還是給了我們許多建議和責任分派，但我和約翰建立了我們自己的一頁行動計畫。在過去，每次我們寫計畫書，出來的東西總是複雜又冗長，很含糊而且難以實施，更別說和我們的團隊分享了。」

他們的確和他們的團隊分享了。到了第三季，約翰和布萊恩帶著主要員工參加他們一年四次的公司外靜修會議（offsite retreat），讓團隊清楚表達了自己對工作的想法和願景。他們的團隊開始帶頭建立業務系統和工作架構，讓他們的業務核心運作得更順暢，也讓約翰和布萊恩能把更多時間投注於個人成長，進而為公司貢獻一部分最高價值。隨著方程式四步驟的運用得當，約翰和布萊恩開始尋求方法加足馬力，讓公司發展得更快。就在這時候，他們開始培訓其他**領導人**，而不只是委派工作給部門主管們。

業務核心的強化，加上公司領導角色的共享，讓Outback Deck公司一飛沖天。接下來我們共事的每一年都見證著他們的又一次躍進。這之所以成為可能，是因為約翰和布萊恩不只是生產力增加。他們不只是把工作和職責委派出去，更在公司內培養其他領導者，充分利用團隊的勇於承擔和創造力。不再只是約翰和布萊恩秀，他們的領導團隊也走到聚光燈下，發光發熱。

第三個自由加速器是把擁有才幹與自信的同事培養、發展成一支真正的領導團隊。建立領導團隊需要用到加速器一：讓你的團隊參與，因為你必須重視你的領導團隊的意見，幫助他們和你工作的更深層使命產生聯繫。它也要利用加速器二——成為一個好教練——的技能組合，運用好教練藉以長期培養球員、幫助形塑其行為的技巧。加速器三建立在加速器一和二的基礎上，讓你藉由培養其他為公司成長奮鬥、立場超然的領導人，突破你個人的領導專注力的局限性。

注意：我指的不是把更多工作交給你的主管們，而是培養真正的領導者。管理者和領導者有什麼區別？管理者會組織、委派工作、解說和究責。管理者會把**今天**的工作做好。領導者則是授權給別人，讓他們完全承擔某個職務領域或責任。他們透過發展、培養和激勵，來累積**明天**的能力。管理者執行既定的目標；領導者則是和這些目標以及實現這些目標的策略進行搏鬥和決策。

管理得好，可能會帶來增量成長；領導得好，複合成長指日可待。

時間與努力經濟靠的是個人投入大量工時，同時要求員工也這麼做的管理者。反之，價值經濟需要的是不僅能讓員工專注於正確事務，還能培養出新一代領導接班人的領導者。

一九五六年，研究員喬治・米勒在《心理學評論》期刊上發表了一篇論文。在那以後，這篇提出「神奇數字7±2」的文章成為在工作記憶局限性方面被引用最多的文章之一。基本上，無論何時，人在工作記憶上的資訊儲存量都只有七項，加減兩項。再多的話，你的行為就會像努力想把孩子留在你車上的東西一口氣搬進屋子的現代父母：你抱起一堆衣物，但是當你達到極限並且試圖拿起最後一件外套，你把兒子的一隻鞋子掉了。當你彎腰撿起鞋子，又把你女兒的午餐盒弄掉了。最後，如果你和我一樣，在一、兩分鐘的手忙腳亂之後，你只好分兩趟搬運。

身為人類，我們處理注意力極限的方式是一樣的：我們會進行「注意力轉移」，或者把我們工作記憶中的東西搬進搬出，就像拚命想把孩子留在車上的東西搬進屋子的負荷太重又沮喪的父母所做的。注意力轉移很費腦力，因此和他們一樣，我們往往在轉換過程中丟失一些東西。就領導公司來說，如果你一下子負擔太多工作，你會有意無意作出選擇，這趟該把什麼丟掉，該把什麼搬進屋子。這麼做不只沒有效率，而且每一趟搬運都會增加必須把東西丟掉的機率。再說，這樣**太累**了。

相信你一定經歷過彷彿有作不完的決策、被大堆瑣事弄得疲憊不堪的日子。回到家已經累垮了。如果這種情況持續得久一點——例如一份工作的期間——你肯定無法有好的表現。在這種條件下所作的規劃將不盡理想。試圖透過有意識地拚命兼顧多項工作來蠻攻你的工作記憶——其實只是在各種活動或焦點之間快速的微切換，但仍然是時間與努力經濟的思維方式。情況再怎麼樂觀，你的獲益還是有限。

為了加速組織的發展，為你想要的成果提供燃料，你需要一支骨幹領導團隊發揮才華、創造力和最佳心力。當你的公司傾全力投入最重要的事項，你的每一位主要領導幹部都將為你公司實際所能達到的成就加分。例如，約翰和布萊恩想要全力追求銷售的成長。而在達成這點之前，他們需要在日常運作中發展架構和人員，讓他們授權來管理這部分業務的領導者能有出色表現。

一個讓你陷入沒完沒了的苦幹的字眼

如果說二十多年的企業主輔導生涯教會了我什麼，那就是，約翰和布萊恩和我公司接觸前的行為乃是一種常態，而非異數。絕大多數的企業領袖都會在口頭上強調授權他人的重要性。那麼，為什麼有那麼多聰明能幹的領導人把所有大小事攬在自己身上？很簡單——因為**恐懼**。

在第一章中，我和大家分享了，許多企業領導人害怕一旦真的把某個事業領域的職務掌管權交給別人，將會讓他們失去主控權。「畢竟，」他們說：「我曾經試過，可是行不通。」所以，他們不去檢討自己分派工作給下屬的方式，或者在分派工作之後暗中破壞或沒有支持下屬，而只是宣稱：「行不通。」

這些企業主擔心他們的團隊可能會犯錯。他們擔心他們的團隊無法處理工作中的一些微妙的變數。他們害怕那種不被團隊需要、變得無足輕重的感覺。他們甚至害怕無法直接控制某人或某項活動的不安感。而這種恐懼行為導致許多企業領導人不肯放手。他們會授權，但做得很差。他們要嘛很不乾脆地附帶條件——「先做這一步，然後回報給我，我來決定下一步該怎麼做。」要嘛把工作丟了就跑。

這是我的第一手經驗。我曾經做了十多年這類行為，直到我的一個團隊成員史蒂芬質問我：「大衛，你說你希望大家感覺自己被充分授權，但我們都知道，每次你分派工作給我們，你並不希望我們按照自己的方式去做；你希望我們照你的方式去做。所以，我們都學會等著你來告訴我們，你打算怎麼做。如果你要我們照著做做看，我們就照著一步步去做。既然我們知道，不管我們怎麼做，最後你都會要我們改採你一開始希望的方式，那我們幹嘛還要費心想新點子或者努力表現？」

像這樣指出我的錯誤需要很大勇氣，這讓我大開眼界。史蒂芬說得完全正確。於是，我開始把工作丟給別人，但是不再過問。我發現我很難面對自己對失去控制權的恐懼，因此我處理個人焦慮的策略就是，一旦把它交給別人，就不要再回頭。但這並不表示我沒考慮我的手下在這項特定職務上的能力等級。

顯然，這兩種行為都是很糟糕的領導組織的方式，而且都是恐懼造成的。它讓我的公司損失數百萬美元；它讓我的團隊累積了挫折感和不滿，並且失去十多年的成長機會；它讓我浪費了無數小時的最佳時間，埋頭在我的團隊只要調教得當，便能輕鬆處理的事情上。

要了解：控制慾可能是讓你陷入沒完沒了苦幹的一個大枷鎖。

Hostek.com 這家家成立於一九九八年的伺服器管理公司所有人兼執行長布萊恩・安德森這樣描述他的控制慾：

「十五年來，我每天工作十六到十八小時，每週七天。回頭看，也不知道我是怎麼辦到的。當時我只覺得，如果我不在公司管理銷售、支援和運營工作，情況就會一團糟。基本上管事的就只有我和幾個我必須緊盯著的助理。」

過去七年，我的團隊一直在輔導布萊恩，他實施了方程式，而且成效斐然，Hostek公司因而享有連續七年的兩位數成長。不過我要強調的是，在公司內部培養領導團隊所帶來的影響力。二〇一七年的一個異常緊繃的時期，該公司開設了兩個新的資料中心，一個於四月設在美國東海岸，另一個於十月設在歐洲。但由於這時布萊恩已建立了一支領導團隊，來負責從技術支援、運營一直到銷售和系統工程等業務領域，因此，在那段長達六個月的期間，布萊恩能夠將自己的最佳時間用來收購一家英國虛擬主機和伺服器管理公司。事實上，他的團隊能力之強，到了二〇一七年十一月，布萊恩完成收購的第二天，他和妻子丹雅享受了一整週的歐洲假期，至於初期的整合工作則交由他的團隊負責處理。

「如果在我們創業之初，你告訴我，我能找到和我一樣關心公司，或者像我一樣精於公司業務的人，我會告訴你那是不可能的。我學到的是，我不但找得到和我一樣有心的人，而且他們在各自的領域中比我更專精。例如，我們的運營經理傑瑞米在管理公司的日常運作上就比我強得多。他能作更好的決策，有更好的貫徹力，也比我更能讓團隊有好的發揮。如果我能回到二〇〇〇年初那個年輕的我身邊，我會告訴他，要享有我想要的事業發展和豐富的個人生活，唯一的辦法就是學會不再試圖掌管一切。要雇用、培養優秀人才來領導各個業務領域，並且給他們空間一展長才。」

你可以問自己的一個極重要的問題是，「我是在栽培這個人，好讓他負責整個職務領域，或者我只是把工作分派給別人，以便執行我的計畫？」你需要的是能密切參與目標的設定，並且自行擬定計畫來執行這些目標的領導者。你得確保他們設定的目標能融入更宏大的企業背景，因此要努力讓你的手下擁有自主性和代理權，而不只是委派任務給他們。對一個有能力的團隊成員來說，這是求之不得的事，而這也代表了你對他們能力的信任和尊重。

同理，要讓你的領導團隊幫忙設計一個用來自我監督工作成果，並且對你負責的究責架構。在第五章中，我們討論了讓你的團隊充分表達意見的重要性；在組織內培養優秀領導者時，這做法尤其有其必要性。授權給領導團隊時要給予清晰的目標和明確的期望。只要他們表現良好，並且在雙方同意的界限之內發揮，就讓他們做主吧。你可以問他們，你該如何協助他們成功。轉換一下立場，想想你能如何盡力幫他們在成功的基礎上繼續前進。讓他們指引你協助他們。假以時日，你將發現他們對自己的團隊複製同樣的流程。

在培養其他領導者時，第六章提到的「以問代答」技巧顯得格外重要。當你的手下來向你尋求幫助，這時你的處理方式非常關鍵，要嘛把他們推回到需要你密切監督的實幹角色，要嘛授權他們挺身承擔責任。你會迫不及待當場丟出「那個」解決方案，還是藉由提問來幫助他們得出自己的最佳結論？

我也分享過，對我來說這是難以接受的一課。由於我在授權方面十分霸道，我總覺得我在為我的團隊服務，為他們的生活增添價值。但我逐漸了解到，我正把公司的未來領導人推回到他們安逸的老位子，因為我喜歡解決問題的快感。那讓我覺得自己很重要，讓我感到安心，因為，不奇怪，我最喜歡自己的解答和點子，當然喜歡，那是我想出來的！在史蒂芬對我的行為提出質疑之後幾年，我的一位企業輔導員史黛芬妮給了我徹底改變行為所缺少的一個要素。她要我在一張3×5吋索引卡上寫下一個問題，然後把它擺在辦公桌上顯眼的位置。她指示我，每當我的手下來向我求助，就停下來，思考一下這問題。這個問題正是幫助我擺脫控制慾的種子。這問題是：

我不知道；你認為我們該怎麼做呢？

如此簡單，卻又如此深刻。然而，我還是掙扎了大約兩年，才打破我的老習慣，開始拿這句話作為我的開場白。在那之前，我是一個無所不曉的萬事通，但從來沒發現我的貿然插手破壞了我的領導團隊的主動權和承擔。我了解到，我一心想解決難題、避免失敗的慾望正是阻礙我公司發展的最大限制因素之一。

輪到你了：下次，當你的手下來向你求助，停下來問同樣的問題。讓這個問題提醒你，要激勵你的團隊成員解決自己的問題，以得到成長。你必須支持他們，幫助他們拓展、磨練自己的思路，而不單是給他們答案。**當你所指導的未來領導者和各種點子搏鬥，為決策傷腦筋，他們便成長了。**

萬一你覺得他們的解決方案太離譜，又該怎麼辦？只要指導他們繼續找更好的辦法就是了。提出一些解決取向的問題：「你為何認為這是正確的解決方案？你認為造成這情況的真正原因是什麼？你認為在這情況下最重要的是什麼？你最初的辦法真的可以解決這個核心問題嗎？如果加入X（他們沒察覺的變數）因素，你會怎麼作決定？如果這個方法行不通，你會怎麼做？」這種策略不僅有助於你的團隊成員發展為一名企業人士和領導者，你也在藉此樹立一種重要的領導楷模。有一天你會驚訝地聽到，明用同樣的流程指導她的直接下屬卡洛斯解決他自己的問題，就像許久前你對明的指導。

這是否比較花時間？當然。對你來說這是否較沒有滿足感？最初也許是吧。但你的員工會不會覺得更有情感回報？會的。它是否能更有效地培養其他能夠採取主動、同時傾全力執行自己構想的領導者？那是一定的。讓手下自己尋求解答不只能幫助他們更快速地成長，還能加深他們對這些解答的投入。實質上，你所做的就是把現實世界的情況轉化為無比強大的學習機會。

最棒的是：這種領導方式不只對你的公司更好，而且更容易！想想價值經濟雙贏狀況——對你的組織更好，對你來說更容易。你終於可以專注在屬於你的為企業創造最大價值的領域，而不再到處奔忙做別人的工作。在這同時，你那群技能純熟的手下將主動尋找潛在的故障點，及時將它們解決。他們將想方設法把握機會，轉化資源，來達成宏大的企業目標。

為你的領導群建立發展計畫

加速器三可以把公司、部門或團隊提升到新的層次。

你已經確定你想指導的主要手下。這裡有個我認為非常有效的指導模式，可以幫助你的手下逐季得到發展。例如，假設你選定了行銷副總雷蒂做為你想培養的領導人之一。你想像十二個月後，雷蒂會在公司扮演什麼樣的角色？三年後呢？接下來一到三年，她有哪些能力不足之處足以損害甚至阻擋她作出最大貢獻？這些不足之處也許是她目前較弱的技能，或是她欠缺的經驗，甚至阻礙她進步的行為模式。

在你列出清單之後，挑選出你認為她可以在接下來十二個月中培養的最有價值的兩、三個項目。例如，也許你注意到，雖然雷蒂非常擅長在氣氛火爆時調解外包商和團隊之間的緊繃問題，但她談話時往往太過圓滑，而如果能坦率地討論能力界限、行為和期待等問題，對她和公司都會更好。因此，你為雷蒂列出的潛在成長領域可能包括：「提高妳和公司內外人員進行坦率、無心機對話的能力，尤其是在計畫初期，妳必須設定期待和能力界限的階段。」當雷蒂在這項技能上進步了，她面對狀況和人員的態度便會有更大彈性。

使用第三章的行動計畫格式，要雷蒂擬定一份接下來九十天內她打算如何在此一領域追求成長的一頁式簡單計畫。要她從這段期間的成功指標開始設定。如果她在這個特定領域取得了成功，九十天後會是什麼情形？要她詳細列出達成目標的行動步驟。有了行動計畫之後，確保你在每兩週或每月一次的正式輔導課程上，定期向她詢問計畫的進展。祝賀她的勝利。合適的話，多加一、兩項精選的輔導建議。到了季末，為下一季設定同樣的流程。這個簡單流程將會幫助雷蒂成長，也是你加強輔導技巧的一個絕佳機會。

「做不到、不肯做、不會做」評估法

有個可以幫助你培養領導者的強大工具。那是四年前我的一位好友和我分享的。他開了一家營收達八千萬美元的地區連鎖便利商店。這工具叫做「做不到、不肯做、不會做」。

- **做不到：**這是某個特定團隊成員根本不適合的技能或活動。再多的訓練或持續輔導都補足不了這缺憾。你最好的做法是看看是否可以轉換或調整他的角色，以便利用這人的優勢，讓他的明顯缺點不至於影響他的職務。

例如，我的一位輔導客戶有一個非常能幹的營運長，名叫比爾。這人聰明、創新、可靠、主動積極。給他一份試算表，他能拿出漂亮的數字。給他一個棘手的物流問題，他能找到一種創新、可獲利的方法來解決它。可是，說到同理別人的感受，比爾就完全不行了。昨天得去參加你姨婆的葬禮是吧？比爾只在乎你去參加告別式之前有沒有完成你的專案計畫表。

你可以指導比爾，讓他避免因為ＥＱ太低而出現明顯的社交失誤，但他根本不該擔任任何需要社交技能和同理心的角色。透過為比爾選擇合適的角色，替他安排能力互補的工作夥伴，我的輔導客戶就能充分利用他的才幹，來管理他的內部運營。

- **不肯做：**表示某人有能力完成該活動或職責，但出於某種內在因素，這個人就是不做。假設你已經和這人有過清楚的「成人對談」，一般來說，一個「不肯做」的團隊成員應該盡早另謀他職。
- **不會做：**意思是你有一位有意願的團隊成員，他只是缺乏處理某項特定任務或職責的技能或經驗，只要給予訓練和支援，他便能在這方面取得成功。

「做不到、不肯做、不會做」評估法讓你有了一個更能理解團隊成員行為的概念模型。你可以和你正在培養的領導新手分享這個強大的工具，因為他們當中有許多人欠缺你創業多年所累積深化的領導經驗。

優秀領導者會提高究責標準

你知道最有效的領導方式就是以身作則。優秀企業是建立在一群能夠充分承擔個人責任的團隊之上的。如果你想提升公司整體的究責標準，這裡有七個通過時間驗證、可供身為領導者的你加以運用的小提示：

● **絕對要守時**。守時是一種向你的團隊表明你認真敬業、為人正直的一種簡單行為。這是一種在樹立責任楷模方面具有巨大投資回報的行為。許多公司要求層級越高的人越要表達尊重。在他們看來，你的時間並不比下屬或客戶的時間寶貴。守時是一種尊重，這給對方的感受差異極大。當然，你可以解釋你為何沒能遵守既定期限，沒人會質疑你，但他們會有樣學樣。所以，要樹立最高標準。

● **每次會議結束都用書面確認你的各項義務**。工作發生疏漏的一個最重要原因是，它們一開始就沒有被明確交派下去。很多時候，接收方並不清楚他們該做什麼，甚至根本不知道被指派了任務。會議摘要不僅可以確保你已掌握所有行動項目，也是一種為你的團隊樹立行為榜樣的有效方式。可能的話，把義務項目條列出來，讓它們一目了然。同時，教你的手下運用同樣技巧來帶領他們的員工，能成功運作的公司都使用這項最佳實務。

- **定期結案**。履行你的義務是一回事，但確保其他相關人員知道你已完成，則又是另一回事。所以，要定期結案。

- **清楚表明你無法承諾哪些事項，以免因為遺漏了某項「幽靈交付事項」，而降低公司的究責標準**。那都是別人以為你承諾要做、卻沒做到的事。身為領導者，你必須展現良好的溝通能力，清楚說明你在一場會議中發現的各種幽靈交付事項。如此一來，如果你能對某事項作出承諾，那麼就去做；如果你做不到，就表明你無法承諾。

- **承擔失敗和樹立成功楷模同等重要**。你是人，你也會出槌。不肯承認這點就太不實際了。你如何承擔未達成的交付事項，對你想打造的公司文化至關重要。你是否會找藉口？試圖掩蓋失敗？悲催地把自己痛打一頓？千萬不要！相反地，要向你的團隊展示，錯誤是經營事業的一部分，而且往往會帶來有利的啟示。當你犯了錯誤，要公開擔起責任，分享你學到的東西，以及你打算如何加以運用，並且在日後採取更好的解決方案。

- **大部分的失責都來自不周全或不當的交辦方式**。任何交辦事項成立的一刻，都必須把它指派給某個人，來負責監督它的完成。我把這種工作分派稱為「交辦」（handoff）。身為領導者，你必須確保每一次交辦都清楚列出誰該負責什麼，何時該完成，該交辦事項會帶來什麼樣的成果；以及他或她要如何對該事項負責。

- **留意你的壓力行為。**有人說，逆境和壓力與其說造就了人，不如說是暴露了人的本性。你在緊張時刻所做的事會給你的團隊、客戶、供應商和投資者留下一種放大的印象。不妨讓壓力成為你深吸一口氣、拿出最佳表現的契機。

建立領導團隊是一項花時間的投資，但如果做得好，可說非常值得。它能幫助你留住最優秀的員工，讓他們有機會發展專業。它能將他們對業務的貢獻最大化，進而有益於你的公司。它還能幫助你突破昂貴的心力限制，不再努力想成為公司某領域中的唯一領導者。這就是為什麼它是如此強大的加速器，可以幫助你維持價值經濟，用更少的時間和個人努力達成更多成果。

下一章，我們將討論一隻隱形的手，這隻手會在無人看管，或者沒有書面系統、訓練來指示如何處理某種情況時，形塑人的行為。

超值小秘訣：領導力成長的自我檢測

這裡有個簡易的自我測驗，你可以用它來衡量你身為領導者的表現。回答這五個問題時務必要誠實。讓你的深刻內省幫助你加速做為企業領袖的持續成長，以及所享有的成功。

1. 總的來說，你每週所做的工作是否變少了，而你所做的少數幾件事都是對公司極為重要的？

提示：你是否了解到自己並不是大小事包辦的最佳人選，反之，你是否將心力集中在能讓你為公司貢獻出最大價值的少數幾項活動上？經常提醒自己，忙得焦頭爛額並不是優秀企業領袖的標誌，而是不成熟領導人的徵兆。

2. 你的團隊是否比上一季擁有更多的戰略深度？

3. 你是否正為公司培養強大、有才幹的新一代企業領導人？

4. 你是否經常問你的手下，「你認為我們該怎麼做？」而不是反射性地為他們解決問題，替他們做他們該做的事？

5. 你是否經常因為手下老是「不開竅」而沮喪？

提示：意思是他們能了解你想和他們分享的戰略、業務脈絡（business context）、公司文化和優先事項。如果你團隊中的多數人都「不開竅」，那麼你就得承認，你和整個團隊之間幾乎沒有共通點，你該如何改變訴求？過去行不通的是什麼，而你還能作什麼新的嘗試？哪些小事具有值得繼續推動的正面作用？

基本上，當你培養新的領導者，你就加速了成長，強化了公司賴以擴展的基礎。每一位領導者都將成為公司日後成長的種子，而當他們也著手培養其他領導者，這種成長將更為快速。

第 8 章

加速器四：打造公司文化

現在你已經認識了可以將公司的最佳時間、人才、心力和資源集中在你的少而精事項的四步驟方程式。你也清楚了解到，真正的成長來自被創造出來的價值，而非來自工作時數。我們一起探討了如何透過讓團隊參與、訓練團隊成員，以及培養新領導人等方式，來加速這個過程。**你的公司文化是一個重要的整合器，它把所有這些元素結合在一起，讓這些業務照著你公司的特有做事方式推動。**

公司文化是當你不在那兒親自指導你的團隊時，形塑行為和決策的那隻看不見的手。它是長期吸取的價值觀以及一種心照不宣的「我們這裡的做事方式」的總和。它會把曾經是有意識行為的東西逐漸吸收到團隊的預設行為中。「不然，」文化說：「我還能怎麼做？這就是我做事／我看待事情／我處理情況……的方式。」文化會讓某些觀點、決策和行為自動發生。它是一種篩檢器，能形塑我們看見什麼、看不見什麼，以及我們理解事物的方式。它在一個近乎無意識的層面上塑造了決策和行為。**如果你打造了一種致力於創造價值的公司文化，那麼它可以成為你加速並維持成長的最強大引擎之一。**

你或許沒聽過的市值一千三百億美元的成功銀行

當鮑伯・安格爾於二〇〇〇年加入CoBANK[13]，這家銀行正忙著在一個不受它直接控制的不斷萎縮的市場中進行著控股競賽。這個組織的文化很不健康。公司內部長年對績效獎金的不公劃分，加上親信各據地盤，在組織的心理留下深刻烙印。

「一進公司，我就知道我需要幫手，尤其急需提高營收，增加資本。開始這項任務之前，我做了第一個重大招聘，就是請布萊恩・傑克森擔任財務長，來獲得我們急需的財務知識和紀律，同時進入資本市場。記得上班的頭幾天。布萊恩和我單獨會見了幾名主要員工。我們問了每個人同樣的問題：他們如何看待這個組織？他們認為需要做些什麼，來讓CoBANK重回正軌？每個人都給了截然不同的答案。」

13 原註：感謝詹寧斯（Jason Jennings），一位出色的作家、演講者，我曾為了我替《Inc.》雜誌寫的一篇文章採訪他。詹寧斯在他的暢銷書《高速公司》（The High Speed Company）中談及CoBANK，並於二〇一八年春介紹我認識了安格爾（Bob Engel）。詹寧斯的著作之一被我列入「十大最佳企業與領導力書籍」榜單。詳見www.FreedomToolKit.com。

鮑伯的最後一句話需要重複一遍，因為在不健康或不成熟的公司文化中，你常會反覆聽見這句話：「每個人都給了截然不同的答案。」

關注公司文化的一個最有力的理由是，因為它是一種將你的團隊和一個集體願景牢牢綁在一起的無形結構。是它把所有人結為一體。**公司文化會指引你的每一個團隊成員、業務單位和部門，讓他們的行動、目標及方法融入公司的整體大戰略。**

「在我看來 CoBANK 顯然需要一顆北極星。我們需要這麼一盞引路的亮光，讓我們組織中的每個成員，無論何時，一抬頭便能看到；一個令人注目、將他們的行動導往同一方向的亮光。」

可是這顆北極星究竟是什麼呢？鮑伯花了好幾個月時間研究，和客戶、員工、董事以及他的領導團隊進行交談。他了解到，他們的北極星不可能只是「我們是一家為農業提供資金的銀行」，也就是該銀行目前的定位。CoBank 需要有個更廣闊的願景：

「我們需要一個令人信服的『為什麼』來把我們的團隊凝聚在一起。我們無法根據規模和客戶數量來突顯自己，我們的市值只有兩百億，客戶群也在不斷縮小。面對現實吧，我們無法讓我們的錢變得更環保，我們無法在規模上跟人競爭，因為規章命令我們必須涵蓋全國五十州，而且我們實在沒那個資源和科技競爭。」

不過他們確實擁有——正如鮑伯在幾次長時間談話中向我解釋的——三個重要的永續優勢。首先，作為農業信用系統的一部分，CoBank是一家「政府贊助企業」，也就是它們擁有美國政府的絕對支持，能夠取得為不同期限的貸款提供資金的債務，相較那些必須透過昂貴的分行集資系統來匯集存款、盡量避免固定利率貸款的銀行，這是一個巨大優勢。隸屬農業信貸體系的CoBank還擁有向基礎設施產業——發電和輸電、配電、電信、供水和廢水處理等——提供貸款的特殊權限。他們的第二個重大優勢是所有權結構。CoBank是一家合作銀行，也就是他們的兩千五百名客戶實際上是他們的股東，而這批股東會投票選出了解客戶業務的董事。這種合作結構使鮑伯能夠用長遠的眼光來看待成功，而不必受制於季收益和股價。CoBank的第三大優勢來自它的員工組成。儘管存在不健全的企業文化，他們對客戶的業務有著深刻的體認。

問題是，要如何扭轉CoBank的自我定位？鮑伯根據他剛到職時和員工、客戶及其他利害關係人的談話，界定了一個更寬廣的服務美國鄉村的使命。CoBank將「比任何銀行更了解、體貼美國鄉村。」

「我們的利基在於為美國鄉村服務，使美國鄉村成為可以安居樂業的地方。這是我們的使命。我了解到，倘若我們要履行為美國鄉村服務的使命，就必須守護著他們，不管時機好壞。先前和客戶對談的當中，我吃驚地發現，他們顯然不認為我們是可靠的，尤其是不景氣的時候。我清楚記得，在德州的一次會議上，我們的一位客戶宣洩了他的怒氣和遭到背叛的感覺，因為我們突然在半夜關閉德州拉伯克的業務中心。毫無預警，什麼都沒有，有天早上辦公室就那麼不見了。我不得不坐在那裡默默承受，因為他說得沒錯。我們搞砸了。」

連著幾個月，鮑伯馬不停蹄和各地客戶對談，傾聽、記取著一個又一個關於CoBank迷失方向的故事：

「我只是聽，在看了我們過去的做法所造成的痛苦之後，我對著一群又一群客戶聽眾說，『再也不會了。』我向他們保證，CoBank再也不會隨意進出任何市場，CoBank再也不會是個不能共患難的朋友，也不會忘掉它為美國鄉村服務的使命。我讓他們知道，從現在開始，我們將牢記我們是為誰服務的，是這一代、下一代、再下一代的美國農民。」

慢慢地，這個觀念逐漸深入CoBank員工腦中。這時，鮑伯和他團隊中的重要新人菲爾・迪波菲提出另一種銀行致力於服務美國鄉村的方式——透過知識的獲取和分享：

「我非常清楚，想真正脫穎而出、為美國鄉村服務，別無他途，就是要比任何人都了解我們的客戶，並且向他們提供知識，而不光是金錢。」

鮑伯、菲爾和 CoBank 團隊建立了知識交流部門，包括幾個卓越經營中心（Center of Excellence），專門針對他們所服務的產業，分享資訊和構想，讓他們的客戶可以用於推動各自的事業。不向顧客收費，因為這是對美國鄉村未來的一項投資。CoBank 每年舉辦九次客戶會議和多次以產業為主的會議，邀請他們的客戶以及全球各地許多農業綜合企業、基礎設施、鄉村醫療、金融、領導力和政治方面的一流專家參加。鮑伯在他的職業生涯中持續不懈地尋找能強化 CoBank 使命的方法，無論是在組織內部，或者在外部，和客戶以及其他深切關注著美國鄉村的未來並且與之有利害關係的合作夥伴。他走遍全國各地，和員工、客戶進行各種大型會議和深入的小型座談會。他傳達的訊息始終沒變過：

「我們是為了服務美國鄉村而來……為了改善鄉村、全國各地和世界上許多地區的生活品質，我們的客戶所做的努力可說有目共睹……我們的服務不只是提供可靠的資金，也包括和客戶分享成功所需的資訊和知識……」

隨著CoBank的成功逐漸在組織內部建立起更大的信心和財務量能，鮑伯意識到必須提出組成銀行文化的另一個要件：分享銀行的成功。CoBank創建了一個計畫，允許每位員工每年為一項他們關注的公益事業奉獻五百美元，同時鼓勵他們帶薪休假一天去做志工。董事會還通過一項政策，每年向美國鄉村地區的慈善事業捐贈高達1%、相當於近一千萬美元的淨收入，其中許多捐獻是和客戶合作完成。

「漸漸地，我們成為客戶生活中不可或缺的一部分，無論是透過我們提供的貸款，或者透過以新的方式為他們的社區服務。我認為，在幫助美國鄉村重新審視自己這方面，CoBank起了不可忽視的帶頭作用。最初那幾年，我看出我們的客戶很害怕未來。他們感受到來自巴西、阿根廷和中國的外國競爭壓力，許多人的眼界也變小了。CoBank幫助他們了解到，他們最大的成長潛力正是來自這些外國市場。美國鄉村在可耕地、水源、基礎設施和科技等方面具有深厚優勢，讓他們一開始就比這些外國競爭對手領先一大步。最重要的是，CoBank給了他們信心。」

而這種全心致力於 CoBank 使命的結果如何？在鮑伯任職 CoBank 的十七年職業生涯期間，儘管該銀行在企業文化上的轉變至今仍持續著，但當時它連續十七年實現了利潤成長，淨收入從一開始的一億八千五百萬增加到了他退休時的近十億澳元。要知道，這當中經歷了科技泡沫，九一一事件以及吞噬了銀行的金融危機和經濟大衰退。如今，CoBank已是全球最賺錢的公司之一，更不用說銀行了，每名員工的年獲利超過一百萬美元。

要弄清楚：這成果得來不易。鮑伯剛接手時，CoBank 正為它的未來發愁——或者不確定是否有未來。鮑伯告訴我，曾經有好幾週監管機構表示，CoBank 未達最低資金要求，還威脅說，如果該行不立即籌集資金，將限制他們貸款：

「有好幾天，我們不得不出售優良貸款，來維持足夠的資本，來度過眼前的難關。布萊恩・傑克森和我恭敬地前往華爾街，籌集了數億元的優先股，提供我們生存所需的資源。在CoBank的故事中，沒有什麼是必然的，它的結局可能很糟。但事實並非如此，而這主要是因為我們的董事和全體員工堅定投入了我們服務美國鄉村的宏大使命。」

該如何把你從 CoBank 的故事得到的教訓變成一顆強大的種子，來讓你的組織大幅加速達成它的重大目標？首先，CoBank 必須除掉組織內部滋生的文化毒瘤。這意謂著必須痛下決定，不能讓某些員工繼續留在團隊中，不管他們已經待了多久，或者在公司內部圈了多少盟友。組織實在承受不起企業文化的破壞。接著，鮑伯必須召集一批完全認同他所創造的公司文化和願景的志同道合的夥伴。最後，鮑伯必須深入研究業務，直到任務變得清晰，然後找到一種在整個組織中一點一滴灌注、傳播使命的有效方式。

你的團隊不想只是付出時間埋頭工作；他們想做一點有意義的事。身為領導者，你的職責是幫助員工把他們的工作和某種更深層的意義、有條理的企業敘事連結起來。

輪到你了：你公司內的不變核心是什麼？那個驅動它前進、始終不變的使命——也就是你的事業目標——是什麼？倘若你已有了明確的公司使命，考慮一下它是否依然適用，或者有必要進行修改。這個歷久彌新的核心信念正是你致力於打造的公司文化的精髓。

五個簡單步驟幫你打造公司文化

要記住，公司文化是日積月累一點點建立起來的。鮑伯・安格爾和他在CoBank的團隊花了十年時間來改變他們的文化。這裡有個五步驟流程，可以幫助你推動這個重要工作，同時掌控公司文化的演變方向。

步驟1：確立公司的核心價值觀

公司價值觀是一種篩檢器，你希望你的團隊在面對任何艱難決策時都要用上的。你希望你的團隊在情緒不佳的時候如何對待客戶？你希望你的團隊面對塞爆的待辦事項清單時，如何訂出事情的優先順序？你希望你的團隊成員在發現同事的脫軌行為時作何反應？這些問題都應該透過你的公司價值觀得到清晰的解答。

例如，我公司的價值觀包括：

- 我們言出必行，並且用同等標準要求其他人。
- 我們以身作則，實踐我們自己的輔導計畫。

注意我們使用精簡的陳述，清楚傳達了符合公司價值觀的行為。事實證明，這是展現我們的公司價值觀的有效方法，也是我們的許多企業輔導客戶所效仿的一種方式。

就拿「我們以身作則」這句話為例。當我們的科技長賴利面對來自內部成員的大量請求，要他提供更多科技資源來修補、推動他們的重大方案，便利用了這個核心價值觀，來幫助他決定要把公司有限的科技預算——包括時間、心力和資金——集中投注在哪些地方。

他問：「如果我在指導某個客戶，我會如何建議他作出決定？」答案很簡單：「我會根據當前公司業務的輕重緩急，而不是團隊成員或部門提出特定要求的次數或強度，來決定開發人員要優先把時間用在哪裡。」這個價值觀讓賴利作出了明智而合宜的決定，而不必請營運長泰瑞莎來扮演交通警察或「最後決策者」。

我們的其他價值觀也是如此。例如，如果我們的營運經理正和一家我們用來舉行季企業會議的難纏飯店交涉，而飯店想要改變我們的協議，她會審視我們的價值觀（「我們言出必行，並且用同等標準要求其他人」），同時堅守我們的書面協定。萬一協定違背我們的利益？當然她會努力為那份協定找到一個雙贏的修正建議，但在無法如願的情況下，我們將遵循我們的價值觀，說到做到。這在短期內或許會帶來傷害，但我深信，長遠來看，藉由在一組特意選擇的明確價值觀底下持續運作，你的公司將更為強大、更為成功。

步驟2：寫一份你希望的公司文化樣貌的書面文件

接下來三十天，騰出幾個四十五到六十分鐘的時段，記下你希望的公司文化的樣貌。你希望你公司裡有什麼樣的行為規範？理想情況下，外人能從你的團隊在日常工作中，觀察到多少公司價值觀被內化的行為？檢視一下你的公司價值觀清單，問自己：「如果我們的整個團隊都生活在這個特定的價值觀中，會是什麼光景和感覺？」例如：對於我公司的「我們以身作則」這項價值觀，我的腦力激盪結果是：

●每週五下午或週一早上，我們的整個團隊都會使用我們的輔導應用程序來填寫他們個人的每週大石報告。

●我們會經常問自己，並且互問：「我們從這次經歷中學到了什麼，我們如何利用學到的東西來改善公司？」

●我們會把各種流程和職務系統化，作為我們推動業務的標準方式，而所有這些業務系統都存放在我們的雲端「終極事業系統」（UBS）。

●衡量公司成功時，我們考慮的不單是總營收和營業利潤的成長，也考慮戰略深度的增加。

透過記下你和團隊希望在彼此身上看見的，實現公司價值觀時會有的行為線索，你可以讓這些價值觀具體化，而這是打造公司文化的重大步驟。

接著問：「在理想情況下，如果外人在我們的辦公室待上一天，他們會觀察到我們公司有什麼樣的**氣氛**？」

例子：在茂宜企畫顧問公司，我會回答，

我們的公司文化是默默進行的，我們要的不是緊張刺激的工作場所。我們相信工作和生活本身的挑戰已經夠多了，因此我們設下一個準則：不可以在公司內透過競賽或不成熟行為，來人為地製造更多波折。在我們公司，我們總是用尊重的口吻交談。可能的話，我們會給人們合理的時間範圍來完成任務。我們鼓勵團隊在晚上和週末停止工作，享受個人生活。萬一發生親人生病之類的家庭狀況或緊急健康問題，我們會馬上互相接應。我們會相互支援，這些都是我們公司文化的一部分。

輪到你了。如果我到你公司參觀一天，你希望我觀察到你們團隊的什麼樣的行為？你希望我看到哪些足以彰顯你的團隊吸取了公司文化的行為？你的答案將給你一個你希望的公司文化的理想圖像。

步驟3：進行實地查驗。在對公司文化的願景上，目前你公司的實踐情形如何？

當然，你期待你的文化具有某種樣貌，但是要有勇氣客觀描述你當前的文化是什麼樣子。不必加以評斷或合理化，就只是弄清楚你的起點。日後你還會需要用到這些意見回饋，逐步地重新界定並發展你的文化。

首先，和你的主要手下談談他們對公司文化的觀察，包括他們期待它是什麼樣貌，以及他們認為它目前是什麼狀況。蒐集他們的想法和意見——讓他們真正參與。這過程需要持續數個月，而不只是「坐下來聊一次」的活動。

步驟4：每週具體做三件事來強化你決心建立的公司文化

你的行動清單可以包括：

- 給全公司發送一封電郵，在裡頭敘述一則成功強化了重要文化元素的故事。
- 在會議當中特別舉出某優秀團隊成員的行為範例。
- 尋找並分享公司內一些足以象徵你希望員工汲取的深刻價值觀的小事件。
- 持續為你希望他們養成的行為樹立楷模。
- 問團隊成員，如果他們是以「公司的方式」作決策，他們會如何作出決定。

步驟5：重新檢視你理想中、以及實際的公司文化，並一次次重複第四步驟，直到兩者漸漸趨於一致。

讓你的領導團隊參與界定、塑造你的理想公司文化的過程。鼓勵他們用各種方法刻意地影響你們的文化。這過程需要時間，但是公司文化一旦對了，其他一切都將加速推進。

超值小秘訣：十個小訣竅幫你打造正確的公司文化

文化會把最佳行為和處理業務狀況的最佳方法轉變成團隊的直觀、模式化行為。這裡有十個小訣竅，可以助你培養活躍、成功的公司文化。

1. **尋找足以傳達公司價值觀的象徵性日常小故事，並利用各種機會分享出去。**如果你看見客戶支援專員馬里歐很有創意地解決了一個問題，讓客戶十分開心，就在公司內部一次次和你的團隊分享這故事。這些故事的精髓將被你的公司神話吸收，並在未來許多年當中形塑它的自我認知。

2. **刻意把握時機採取某種行動或作出某種決策——可以充分彰顯你希望團隊有些什麼表現的。**也許是習慣性地在顧客回到你店內時直呼他們的名字，或者讓你的團隊看見你打完銷售電話之後親手寫一張感謝卡，或者在會議結束後提醒誰該負責哪些行動步驟，以及何時該完成。你的公司文化是由千百個你一次又一次示範的小決策、小範例累積而成的。絕不會白費工夫，你的團隊一直在看著、吸納你所做的每一件事。

3. **你在工作壓力沉重時所做的事，對你的團隊和公司文化的影響格外巨大。**不妨把壓力和隨之而來的強烈情緒想像成一面放大鏡，它能大幅增強你的行為——無論好壞——的影響力。好好利用這些寶貴的機會。無論你在壓力時刻做了什麼，都會被你的團隊記住，並且在將來回應同樣或類似狀況時加以模仿。

4. **引導你的團隊認清他們所做的、以及公司所做的事，為彼此生活以及客戶帶來的影響**。身為領導者，你的一個主要職責就是，幫助你的團隊形塑工作之於他們的意義。他們只是把數據從一處移到另一處，或者是幫助客戶更有效地管理全球供應鏈，以便製造提高生活品質的產品？幫助你的團隊把他們的行為和你公司的好表現連結起來。讓你的團隊參與蒐集、分享你的客戶迴響小故事。利用各種機會分享這些故事。把這些故事建檔，讓它們的精髓在公司內不斷流傳。

5. **釐清你公司的價值觀，讓它們成為你作出一切艱難決策的篩檢器**。鼓勵你的團隊用同樣的方式使用它們，並在他們這麼做的時候給予讚揚。不時問你的員工，他們是如何在氣氛火爆的情況下，利用公司的價值觀作出重大決策的。這是很好的晴雨表，可以測量你的價值觀被公司吸收的程度。

6. **私下明快地解決越界行為**。正如第六章討論的，如果你當場處理不良行為，你是在傳達一個清楚的訊息：在你的工作場所中，什麼行得通，什麼行不通。考慮到這訊息對於你自身行為的重要性，那麼很顯然，承擔、認知自己的錯誤可以為你的團隊樹立最佳榜樣。

7. **淘汰表現不佳者。**如果你想讓高績效和個人責任感成為公司文化的重要部分，你就得馬上剔除表現不佳的員工。每個公司都有這樣的人：所有人都知道這些成員只是在混日子。如果你對他們的糟糕表現視而不見，你等於是在傳達一個訊息給其他員工：低水平的表現是可被接受的。你的高績效員工可不會輕易放過那些低績效員工。為什麼他們必須努力工作，而別人卻可以每天鬼混？因此，非常重要的是必須立刻將表現不佳的員工剔除，讓一些能為公司帶來價值的積極有抱負的團隊成員來取代他們。沒錯，這或許會帶來短暫的痛苦，但長期來看是值得的。

8. **從招聘活動開始。**在新人的昭聘、徵選和定位的過程中開始強調你的價值觀和文化。把符合你要的公司文化的工作態度和價值觀納入招聘的審核項目。當你邀請一個新人加入團隊，務必傳達公司的價值觀和文化，而不光是交談十分鐘，或者遞交新員工到職手冊，而要分享一些能體現你的價值觀和公司文化的故事。列出四、五個最重要的文化元素，準備幾個可以彰顯這些文化元素的故事來和新聘人員分享。例如，如果你的公司文化的一個重要因素是，你決心給每個團隊成員一條明確的專業發展路徑，那麼你可以分享十年前和你一起創業的工程師阿瓊的故事。你可以描述他當初如何在唸完研究所之後加入公司，以及公司是如何為他規劃一條專業發展路徑，包括安排一些公司前輩為他上課，把他納入精選的計畫團隊，讓他能獲得多樣化的實務經驗，學以致用。如今呢，你可以說，阿瓊已是公司的一個極重要的產品開發團隊的主管。能彰顯公司文化的真實故事比任何像是「在 Acme 公司，我們努力為員工提供專業發展機會」之類的巧妙口號更有意義。傳達公司文化的是故事，而非口號。

9. **毅然作出一些艱難決策，來讓你的團隊驚覺到你是如何嚴肅看待公司願景和價值觀。**也許是解雇一個不符合公司營運方向和使命的重要客戶。也可能是一個在短期內讓公司付出相當代價，但顯然十分明智的決策。象徵對創造公司文化很重要，有時候一個行動或果斷的決策就能成為強有力的象徵。

10. **持續不斷地輕輕施壓。**公司文化會隨著時間而演變，很少能立竿見影。就像指導個別員工，要循序漸進地引導你的公司文化，持續不斷施加壓力。悠緩的水流，假以時日終將鑿出壯偉的峽谷。

你的公司文化採納哪一種經濟模式？

當你努力提升、改善你的公司文化，記得問一個關鍵性的問題：目前你的公司文化是否符合價值經濟，還是你正把你的員工推入時間與努力經濟的生活方式？有個簡單的測試法，就是看看你的公司如何處理電郵、簡訊和專注時間。當你向團隊成員發送電郵，你是否希望馬上得到回覆？你是否覺得有必要不斷察看你的收件匣，看是否有新訊息？你和你的團隊是否常在晚上和週末處理電郵或其他非緊急的訊息？

你的公司怎麼開會？你們會為了「好看」而邀一堆人出席，還是每次會議都只有極少數能真正完成工作的要角參加，並且在會後發送一份摘要，讓相關的各方了解你們所作的決定或完成的東西？如果誰該參加會議是受到內部政治影響的，就表示你的公司正朝向時間與努力經濟模式的危險岩岸衝過去。

以喬納森為例。他在一家全球名列前茅的整合製造商擔任資深副總，負責北美地區銷售和市場行銷。喬納森剛開始擔任領導人職務時，他有機會組織自己的團隊，照自己的方式行事。至少，外人看來是如此。大約就在這時，喬納森找上我的公司，請我們幫他以最好的方式完成這項重要工作。

但我們很快便發現一個明顯的挑戰：喬納森的公司表示，他們很重視價值的建立，有著高標準和極富挑戰性的績效目標，然而他們的公司文化卻反其道而行。例如，他們的開會方式完全根植於時間與努力經濟模式，每年讓他們浪費掉難以估計的才華和心力。每次會議之前，他們都會發一封預備信息包給所有參加者。雖然這是一個充分利用會議時間的好主意，但這些信息包往往長達五十多頁。當真正要開會時，召集人知道並非所有參加者都讀了信息包，因此會在會議開始時，利用一些時間來報告信息包的摘要。更糟的是，每一次會議，他們的大量內部團隊都會派出一大堆人出席。隨著官僚主義的盛行，形式也變得比成果重要了。高階領導人常會問一些他們覺得有趣但和討論中的主題毫不相干的問題。

喬納森的一名主要手下保羅同樣接受我們的輔導——分享了一個例子，說他上司的上司曾經在一次月策略會議上問他要一個數字。保羅給了他一個概略的答案。

「關於我們這個決策的目標，我們並不需要確實的數字，因為不會有任何差異。這個概略的答案已說明得夠清楚了，」保羅說：「但我上司的上司說，他要聽到確實的答案。我解釋說，我可以給他一個確切的數字，但這需要十到十五小時的調查、數據蒐集和試算工作，而這個概略數字已足夠顯示策略該怎麼走了。他說他還是想知道明確的答案。於是我展開工作，而且不得不從其他對公司更有利益的方案暫時抽身，最後把他要的數字給了他。純粹是浪費時間，但他非要不可，我只好照做。」

把保羅的經驗擴及數百名高階領導者，那麼這種文化會讓公司無法將它的最佳腦力投入許多方案和措施，因而損失數十億美元。

事實是，喬納森可以為他的團隊作出一些改變，但有些改變是他做不到的。因此他專注在他能影響的領域，放棄那些他無法控制的部分。

也許你和喬納森一樣，處在一個無法全面改變公司文化的位置。但是，和他一樣，你也可以讓你所在的部門運作得更有效能，創造更多價值。你**可以**盡力保護你的團隊不受時間與努力經濟模式的破壞性因素的影響。

我們在重拾最佳時間的篇章已討論過電子郵件的話題。讓我們很快談一下公司文化中的電郵問題。你想不想提高員工保留率，並且盡可能提高員工參與度？呼籲你的員工不要在晚上和週末察看郵件，而要享受家庭生活。很可能，你還沒讀完這篇文章，就又收到新的電郵、簡訊或提醒通知。你的手機嗡嗡叫，不然就是電腦叮咚響，或者手錶震動提醒。也可能三種都有。你會察看訊息，還是繼續讀本章？

你和我一樣清楚，任何規模或任何垂直行業中的公司，都同樣服膺一種「隨時開機」的文化。無論員工或領導者無不緊盯著他們的通告中心。即使辦公室的燈熄了，領導人和員工仍會繼續工作：電郵、簡訊、應用程式，依他們的裝置而定。這種公司文化不只缺乏效率——人們每週花三到五小時晚間和週末的時間，處理低價值的電郵和訊息——還會滋生更為潛伏的問題，例如更高的員工流動率、職業倦怠和不敬業。員工的家人會產生怨恨，然後把怨氣傳給你的員工。

沒有領導者會希望員工發生這種事。你會希望員工茁壯成長，愛自己的工作，熱心地投入其中。雖然多數企業領導人並非有意創造一種「永遠開機」的文化，但他們不了解的是，倘若你沒有刻意朝反方向努力，當今的世界潮流將會把你拉往那個方向，這是預設方向。

我第一次感受到「永遠開機」的影響是在大約十年前，一家我早期創辦的公司經歷了合併之後的事。我沒想到公司文化的差異會對公司合併的成功產生影響。那位成為我新的事業夥伴的女子十分聰明、有才華，而且積極。但是她有一種焦躁的氣息，而這界定了她的公司文化。她會在凌晨一點甚至兩點發電郵，要是沒收到回覆，她會在下一個工作日一大早發送後續郵件。當然，她的所有員工都知道他們必須全年無休工作。這讓問題更加嚴重，因為，在下班時間回應訊息的人越多，也就進一步強化了必須日夜待命、迅速反應的公司文化。

那次合併似乎是順理成章。我們是多年的戰略合作夥伴，而且在那段期間，我們的聯合活動創造了數百萬的利潤。我們兩家公司各自提供不同的服務，但服務的是同一群核心客戶：自營中小企業。不過，合併後，我和我的原始團隊逐漸發現，我們不知不覺加入了她的深夜活動。沒人明確要求我們這麼做，我們公司的政策也沒改變，但我們的公司文化起了變化。

記得有天晚上我躺在床上，大約十一點，我感覺到一股難以抗拒的衝動，想到我的居家辦公室去察看電郵（當時智慧手機還未普及，不然我大概會手一伸，把床頭桌上的手機拿過來察看）。我真的下了床，通過走廊到了辦公室，就在晚上十一點開始回覆起了電子郵件。我心想，**事情嚴重了**。首先，收件匣裡沒有什麼是不能等到早上再處理的。幾乎從來就沒有過。這麼晚了，我的員工應該不會給我發郵件，他們會打電話。

這時我腦中迸出另一個念頭：**我是公司的合夥人之一。如果連我都有這感覺，那麼我的團隊又會作何感受？**這不是我想為員工打造的公司。這次經歷讓我了解到，身為企業領導者，我們必須提防我們向員工傳達了什麼樣的無言訊息。我們兩家公司合併後，我的新合夥人的深夜電子郵件微妙地傳達了一種期待：我們所有人都應該沒日沒夜地察看電郵。最後我買下合夥人的股份，因為我們清楚認識到，在我們兩人共同經營下，我們的公司文化不可能趨於一致。遺憾的是，在接下來一年裡，我們不得不汰換了她帶來的許多員工，因為他們怎麼也適應不了公司其他人所信奉的價值經濟文化。

這是個極端的例子。我也了解，多數商業領袖並非有意讓自己的深夜電子郵件來界定他們的公司文化，但事實就是如此。例如，我的一位企業輔導客戶安卓莉亞負責管理美國西部三分之一地區的零售業務。最初她告訴說，她在下班時間不停追蹤電子郵件，是因為擔心遺漏了印度或中國供應商的緊急狀況，或是緊急的客戶訊息，怕放著不管會讓她失去一個大客戶。

然而，當我問她，收到的電郵中有多少符合這種重大任務的標準，她說大約每五千封裡頭會有一封，佔她所有郵件的百分之零點二！當我向她指出，她保持「隨時開機」，在晚上和週末回覆郵件，會破壞她和員工、供應商、家人和自己的關係，就只為了怕遺漏五千分之一封的郵件時，她了解到她必須作出改變。

輪到你了：我鼓勵你檢視你的公司——你和你的團隊的信息收發習慣。你和你的員工是否總是「隨時開機」？這對你的業務有什麼作用？你的公司為此在職業倦怠、解雇、人員流動上耗掉的成本有多少？如果你希望自己和員工有機會關機，如果你想減少人員流動、提高敬業度，這裡有三個步驟可以幫你作出改變。

步驟 1：和你的團隊談談

把你的主要手下聚在一起，問他們，是什麼原因讓大家覺得有必要在晚上和週末察看、回覆訊息。我想他們的回答會讓你大吃一驚。你會發現，許多員工以為你希望他們全年無休工作。也許他們擔心公司或同事會失望，擔心失去升遷機會，甚至丟掉工作。至於其他員工，你會發現問題出在對電郵和其他計畫管理工具的上癮。他們沉迷於掌握最新狀況，無法忍受把訊息放著不管，或者讓問題懸而不決。

這種真誠的成人對話是第一步。問你的團隊，他們是否覺得過度回覆電郵或中斷生活來過濾、篩選收件匣或訂閱新訊，會增加或減少他們為公司帶來的價值。探查一下，在下班時間待命是否真的會對公司有幫助，以及長期來說會不會對公司造成傷害。

最後，列出一套看來更為合理的期待。對許多公司來說，訊息的發送會隨著工作日和工作週的結束而停止。如果你的業務需要更高的反應能力，也許你可以制定時間表，說明誰該在那幾個工作日晚上和週末待命。要知道，即使是全年無休的行業，從醫療、保全一直到科技業，員工也都有休息時間。這些行業的公司利用輪班制來同時確保業務運作和健全的生活形態，你的公司也該這麼做。

當然，任何領域都會出現緊急情況，因此你應該建立一套處理流程。但是，即使你建立了這些防護措施，也要清楚說明，緊急情況不會每天、每週甚至每月出現。它們每年只會發生一、兩次到三次，五千分之一的機率。如果你公司的緊急狀況發生得比這更頻繁，你有必要好好檢視一下你的公司文化。

有效的應急協定可以非常簡單，例如保證員工在收到緊急電郵時，會同時收到提醒電話或簡訊。有了適當的緊急處理流程，你的團隊便能安心享有休息時間。

沒有適用所有人的答案。我的輔導建議這裡沒有一刀切的答案。我的指導建議是，列出一套你的團隊的共同理想期待，然後進行實驗，找出你的最佳實務。[14]

步驟 2：規劃並實施九十天實驗

有了理想的期待項目，大家約好在這些新的社交、業務界限之下運作九十天。記住，這個實驗不只針對你的員工，也包括你。如果你繼續在下班時間發送訊息，你的團隊也會跟著做。所以，以身作則，改變自己的行為。

實驗進行三十天後，再次召集手下，問他們：「哪些部分有效？它是如何讓我們更有生產力？更快樂？」同時也要問，「有哪些具體事項是我們日後要調整，以便運作得更順利的？」

商定你們打算進行的調整項目，然後繼續運作。持續留意哪些部分行得通，哪些行不通。列一份名單，準備在六十天之後再次會面。九十天後，進行最後一次彙報。共同決定你們是否該把實驗形式化，並且讓它成為你們的新常態。或者，如果這流程沒能增加創造出來的價值和團隊幸福感，就討論一下，你們學到了什麼，以及如何繼續運用這些經驗來達成目標。

步驟 3：讓我們可以談論可用性和無障礙

如果你想改變公司文化，你必須默許大家討論它。定期回顧公司一年來的情況。透過一對一的探查——和個別員工討論文化實驗的影響力，以及它的運作狀況——來繼續和員工對話，幫助他們打破禁忌。同時，也要定期在較大型的會議中進行探查。這是很好的方式，可以表明在你的公司討論這些事情是被允許的，而且你們將協力打造一種讓人們可以大展才華，同時擁有快活人生的文化。

總之，文化可以將團隊成員的行為和少而精事項整合、連結起來，以便你們共同達成公司目標，同時擁有豐富的個人生活。

14 原註：我將在第九章「利用更好的規劃」討論如何利用緩衝器、篩檢器和更好的規劃來提升團隊創造價值的能力。

在第二章「找回你的黃金時間」文中，你學會如何安排你的一週，以便擁有幾個一到四小時的固定時段，來完成你的 A、B 級活動。在第三章「投資在少而精」，你學會建立一頁式行動計畫，以及利用大石報告來提高每週執行力。在第四章「發展戰略深度」中，你學習了如何規劃、建構公司或團隊的終極事業系統（UBS），也就是用來儲存、檢索和組織各種業務系統的主系統。這些都是簡單但強有力的範例，可以說明你已經了解到如何使用更好的規劃，來加速自由方程式的運作。在下一章中，我將和你分享許多建議和最佳實務，以便利用架構、篩檢器和更好的規劃，來增進你的團隊持續將最佳心力投注在最高價值活動和計畫的能力。

第 9 章

加速器五：利用更好的規劃

那些最成功的企業領導人——這裡的「成功」指的是它的較廣泛、全面性的意義——都知道在企業競爭中，架構和環境勝過意志力。意志力可以讓你贏得一次短跑，但創建公司和事業是一場馬拉松。事實上，是一場耗時多年才能完成的**超級**馬拉松。

這正是為什麼第五個加速器對你的長期成功如此重要。當你利用更好的規劃，包括業務系統、篩檢器、工作流、各種工具和時間架構，你便能用更少的時間和努力創造更多價值。時間與努力經濟會迫使你苦幹蠻幹去追求成果：「更賣力工作，早到晚歸，做得更多。」價值經濟知道，一個更精簡的規劃——對工作日、計畫、團隊、流程——意謂著事半功倍。把你的最佳心力更精簡、更集中地投注在少數幾件關係重大的事項上，你和你的團隊就能創造出更大價值，同時又能享受生活。

首先，讓我們釐清所謂「規劃」的意思。這裡的規劃指的是，組織、建構一個目標、流程、活動、工作平台或工具的方式。可以是你製造的產品，你提供的服務，你的員工所遵循的流程，一個銷售電話之類的活動，辦公室的實際工作空間，或者像標準化報告之類的工具。以上每一項都有著足以影響實用性和便利性、因而影響所創造價值的設計規劃元素——無論好壞。而每一項也都具有潛在的機會，可以利用更好的規劃來增加產出的價值，減少投入的成本和時間。**這就是價值經濟構想的精髓——尋找各種事半功倍的方法（效率），以及去蕪存菁（精簡）的機會。出色的規劃能讓你兩者兼得。**

流程

- 新員工到職或供應商、客戶的引介流程
- 銷售流程
- 生產流程
- 出貨流程
- 應付帳款流程
- 其他

工具

- 專案管理平台
- 客戶關係管理（CRM）
- 終極事業系統（UBS）

- 標準化表格或報告
- 生產團隊使用的有形工具
- 其他

活動

- 定期會議
- 在社群媒體上發文
- 對外銷售電話
- 吸收新客戶
- 進行中的會計工作
- 其他

工作平台

- 現場工作站
- 辦公空間佈局
- 辦公室或小隔間
- 會議空間
- 公共區域

● 其他

好的規劃包含三個基本要素。首先，好的規劃意謂著它能卓越地達成預期目標。它的**功能強大**。其次，好的規劃必然是容易使用的。它的形式能滿足功能所需。它是**明白易懂**的。第三，好的規劃讓人樂於接觸、觀看、感受和互動。它**很美**。這裡有幾個例子，顯示我們的幾位輔導客戶是如何運用更好的規劃，以更少的努力創造更多價值：

- 一家外科診所為病患製作了一段詳細的術前指導影片，讓他們的醫生不必每天重複好幾次同樣的談話。病人先看錄影，接著外科醫生回到檢查室回答問題。這麼做不只讓他們的高級人才每年省下數百小時的時間，診所還發現病患**比較**喜歡這樣。儘管實際上和外科醫生的互動變少了，病患卻感覺自己受到較多關注和照顧。
- 一家虛擬主機公司在前九十天內失去四成新客戶。他們發現，許多客戶註冊了他們的虛擬主機服務，但在實際遷移他們網站的時候被難倒了。經由更改一下客戶支援團隊處理新客戶的路徑安排，讓這些客戶能獲得經驗豐富人員的服務，加上主動對外電聯和發送電郵來幫助客戶進行網站遷移，該公司將新客戶流失率降低六成以上，而且在延長客戶生命週期之外，為公司增加了數百萬美元的經常性收益。

- 一家環保諮詢公司主要是透過回應政府機構的提案需求來創造新業務。每個提案都得耗掉他們五十或更長的員工工時來建立，而他們所獲得的業務只佔他們所申請提案的一小部分。

藉由把他們的提案範本化，並創建一個可供採用的提案組件庫，他們加速了整個流程，並且只用一半工時來產生更好的提案。

這些都是運用一點巧思帶來更好成果的例子。每一種方案都需要相關的公司投入少量優異才能和心力來規劃和創造，而且也都產生了顯著的投資回報。

好的規劃往往不會花更多錢。事實上，在很多案例中，好的規劃還能省錢。而幾乎每個案例都顯示，好的規劃能增加產出的價值。在本章中，我們將具體討論如何運用好的規劃，更有效地讓你的團隊將最佳心力集中投注於能為組織帶來最高獲益的活動和計畫。

找出乾草堆裡的針

在第八章中，我分享了我們的一位企業輔導客戶安卓莉亞的故事，她在公司負責管理美西三分之一地區的零售業務。她發現自己老在下班時間和多數週末察看電子郵件，她擔心如果不這樣做，她可能會遺漏她必須馬上處理的五千分之一封電郵。你大概聽過這說法，「像在乾草堆裡找一根針」。就安卓莉亞來說，為了尋找那根「針」，她不斷監看收件匣，犧牲了自己的生活品質。

「安卓莉亞，」有天我問她：「我們何不乾脆把針從乾草堆找出來，讓妳的團隊或業務系統一口氣繞過乾草堆，直接把針交給妳？」

想像你是安卓莉亞，想規劃出一種更好的方法，把針（一個十萬火急、你非馬上處理不可的緊急情況）從乾草堆（你的每天湧入上百封訊息的電子郵件收件匣）找出來。你會怎麼做？如果你和安卓莉亞一樣有個助手，你可以讓她在上班時間替你過濾郵件，如果有「針」進來，就直接發簡訊給你，或打你的手機。但是，有沒有辦法可以讓你的助理免掉必須替你過濾郵件的麻煩？下班時間怎麼辦？你會不當地要求你的助理犧牲家庭和個人時間，以便全年無休監控你的收件匣？

要是你轉而和你的主要手下、供應商和外包商交談，向他們解釋在五千分之一的緊急情況下該如何和你聯繫？也許你可以給他們一個可以打電話或傳簡訊給你的熱線號碼？或者另外給他們一個只在緊急情況使用的應用程式？或者可以使用一種「待命」（on-call）郵件，由你和你的團隊輪流監控，避免由一個人承擔全部責任？重點是規劃一種更好的機制，讓你的團隊可以繞過乾草堆，直接把危急的針拿給你。

這種機制不見得只能用在下班後；工作日也可以使用。一旦建立了把針從乾草堆找出來，直接傳送給你的辦法，你再也不必耗費心神，在電郵、應用程式和提醒通知的乾草堆裡不斷翻找。你可以放輕鬆，把最佳心力投注在最高價值的工作上。因為你知道，在你的專注時段，必要時，「針」將會透過平常乾草堆以外的獨特方式找到你。

這個簡單的方法可以讓你和你的領導團隊腦力激盪出一個解決方案來處理緊急問題，而不必讓你的團隊不停檢查手機是否有新訊息。它讓你能夠在晚上和家人共處，或者在度假時關掉手機。真是一大解放啊。這正是當年我在事業生涯中終於想通這點時的感覺。試試吧！我敢說，一旦你親身體驗過，你就再也不會回到充滿壓力、焦慮和低效率的乾草堆生活了。

改善流程

蘇珊經營一家成功的商業保險經紀公司。在公司，她最有價值的 A 級活動是爭取新客戶。但每年，她都會因為緊張繁忙的「年度保險續保」工作而損失四個月的推銷時間。續約過程很重要，但那並不是蘇珊的最高價值活動。她只是每年都會被捲進去，因為她是她那家小公司最有經驗的經紀人。認知到只要能釋出更多推銷時間的做法都會有利於她的公司發展，她建立了「續保專案」，一項全公司共同投入、在所有續保過程中逐步取代她的計畫。她知道，為了做到這點，她必須改善公司的核心續保業務系統，讓她的團隊在使用這些系統時不會有任何疏漏。

蘇珊和她的同事在白板上畫出續保程序的流程圖，接著詳細列出完成每個流程階段所需的步驟。他們腦力激盪出可以簡化流程的方法，並且確定除了蘇珊之外，適合執行每個步驟的最佳人選。接著他們分解每個步驟，列出這些被指派的團隊成員成功完成所分派步驟所需的資訊、工具、人際關係或訓練。最後，他們指定一個人——不是蘇珊——負責整個續保流程的完成，讓蘇珊不會覺得有必要監督大家工作，在過程中擔任品管人員。如果他們需要她，可以提問或打電話徵詢她的意見，但她不會是嚴密監控整個流程的人。

他們實施解決方案的第一年，情況十分順利。應該說，有七、八分順利。他們從失敗中吸取教訓，並利用遺漏的步驟進一步改善系統。他們發現一些可以範本化甚至自動化的步驟，一些需要改進的工具，以及他們需要深入訓練的領域專長。最終，蘇珊每年騰出數百小時的工作時間，並且把它們用來大幅增加營收，為公司作出了真正的貢獻。此外，續保專案大大提高了組織的戰略深度，這需要用上以前只有蘇珊能企及的專業知識，並且在形式化業務系統和她的團隊當中共享這知識。

輪到你了：挑選一種每月、每季或每年耗掉你大量時間、重複發生的活動或流程。挑選一件**不屬於**你的最高價值 A 級活動的工作。現在就把它寫下來。

你該如何將你的專案團隊集合起來，把這個重複性的活動交給某人，或一個小組，以便騰出更多最佳時間來用在最高價值的工作上？首先，挑選參與這個專案的團隊成員。接著，大家一起把目前執行此一流程的所有步驟列出來。可以是流程圖、甘特（Gantt）圖或者順序步驟的文字清單。接下來，弄清楚這個系統的目標和主要成果。它到底有什麼作用？為什麼它很重要？誰是這些產出物的真正使用者或接收者？為何這些產出物對接受者那麼重要？你是否和接受者談過，這些產出物對他們的真正重要性是什麼？

記住這個系統的高層次目標和成果，把現有的系統拆解，腦力激盪出改善它的各種方法。如何能讓它更好？更快？更便宜？品質更高？更有影響力？如何增加它的量能和擴展性？

哪些步驟是累贅、可以剔除的？哪些步驟可以自動化、合併或簡化？或者外包、內包、範本化？

如何才能加快這個流程、減少參與的人數？讓它更健全、更穩定、不易出錯？把你們激發出來的點子整理成一個新的、連貫性的整體。不只要關注流程，也要注意系統的「格式」。流程能確保系統的運作；格式則能確保實際使用系統的人得到預期的成果。例如，如果系統的某個部分採用自動化持續式電郵行銷（email drip campaign）是否最有效？或者做成查核表？或者設為資料庫的必填欄位？或者設為標準化範本？或者……？

隨著時間過去，最好的業務系統最終會分成兩種等級。第一級是完整的系統，文件齊全。這種記述形式非常有利於機構知識的儲存歸檔，以及新使用者對系統的來龍去脈及深度的徹底了解。第二級是簡略版，可以為有經驗的使用者提供簡單工具，讓他們用來達成所需的成果。例如，一位航空機長會使用第二級飛行前查核表，快速、精準地在起飛前進行檢查。飛行前系統的第一級完整版本可能資料非常豐富，航空公司會在訓練中使用，但一個有經驗的飛行員會覺得一一八頁的完整版是一種累贅的干擾；因此有了三頁的飛行前查核表。在日常使用中，查核表對實際的系統使用者非常有幫助，但是完整版本包含了重要脈絡和機構知識，對其他使用者很有價值。

有了新流程，分派每個步驟的工作，而且務必挑選一個人負責整個流程。最後，實施並追蹤這個系統。哪裡進展順利？需要哪些改進？誰需要繼續受訓？一旦這個專案順利運作，並開始產生成效，就挑選下一個重複出現的流程或活動，交給你的團隊去處理，甚至讓他們自己去規劃新流程。

將報告標準化、訊息結構化

把報告或者任何複述訊息的模式標準化，是一種利用結構來讓訊息更便於消化吸收的方式。它減少了必須去理解、使用這訊息的關注單位（attentional units）。例如，我可以透過察看每個部門主管的大石報告，快速準確地了解公司的概況。我會看到哪些事被他們優先列為大石，我該恭喜他們取得什麼勝利，我可能需要支持他們面對什麼挑戰，以及他們在前一週的其他重要更新項目。如果你曾經透過規劃良好的績效儀表板或關鍵績效指數（KPI）記分板來迅速掌握某個業務領域的運作狀況，那麼你已經體驗過標準化訊息帶來的便利。

標準化訊息可以是設定客戶資料庫的方式——使用內部網路表單來處理訊息並和團隊成員分享。它也可以是你的顧問人員初次和客戶會面時使用的工作表，以便確認對方的要求，並且獲取成功履行合約所需的正確資訊。它可以是週時程表工具，可以為你的員工產生時程表，讓他們對自己的更新工作時程一目了然。

我鼓勵你評估你經常大量收到，但都屬於臨時或特殊性質的訊息。你如何將這些訊息的呈報方式標準化，讓你的手下更容易傳達，讓你能更快讀取，讓各方都能更有效地使用，以符合它的預定目的？

事半功倍地規劃活動或流程的十個問題

1. 該如何徹底簡化這個活動或流程，以便用更少的時間、心力或成本來創造更多價值？
2. 如果金錢不是問題，我們該如何規劃它？
3. 如果我們能運用的金錢或時間非常有限，我們該如何著手規劃它？
4. 如何把它自動化、範本化或標準化？

5. 執行這項任務或運作這項流程時，最常見、成本最高的錯誤是什麼？該如何重新規劃這個 流程，才能徹底排除這些常見又昂貴的錯誤？

6. 我們如何在這項活動上多花點錢、時間或心力，以便根本地提高它的價值、品質、影響力、耐久性或一致性？

7. 我們如何重新規劃這個流程，以便用更少的時間、心力或金錢，來獲得相同或更好的成果？

8. 我們如何規劃這種活動或流程，讓它使用起來更容易、簡便？

9. 我們如何把這項活動或流程變得簡單明白，讓一個新進人員也能成功使用，在極少或完全 沒有訓練的情況下都能取得巨大成果？

10. 如果重新開始，沒有沉沒成本或歷史包袱，我們會如何規劃這項活動或流程？

設定有效的篩檢器

簡單的說，篩檢器是一種用來去除雜質和固體顆粒的多孔裝置。在工作環境中，一個有效的篩檢器可以擋掉噪音、低價值活動、干擾和浪費時間的誘惑。良好的規劃可以幫你過濾掉這些干擾，以免它們污染你的最佳專注力。篩檢器可以刪除那些根本不該由你來做的任務，將它們重新派給其他團隊成員，或者讓你能累積多項工作，把它們打包成批，在非專注時段更有效地處理掉它們。

好的規劃還能幫你過濾出高價值的專注機會，以及你必須馬上處理的重要緊急情況。換句話說，設計良好的篩檢器可以讓你集中精力在最高價值的計畫上，知道萬一有「針」出現在你收到的訊息乾草堆中，你的篩檢器會把它傳遞給你，引起你的注意，卻不會讓你為了不間斷的無謂警戒以及持續掃描乾草堆，而弄得筋疲力竭。**篩檢器可以幫你將庫存有限的關注單位完全投入到回報最高的活動和計畫。**

你的篩檢器可以包括：

- 為那些重複出現的普通電子郵件設定自動處理方式。
- 讓助理替你初步處理電郵，篩選電話，為你的企業生涯扮演一陣子過濾器的角色。
- 為不同的人提供不同的接觸管道，這些管道包括電話的專屬分機號碼，或者未登記的手機號碼，也可以使用會自動把郵件保存在指定資料夾中的垃圾郵件地址。當你註冊一項服務或者上網取得免費資訊，必要時，你仍然可以搜索、取得那些被移入垃圾信箱的郵件，但你會把最好的信箱保留給更重要的人或事。
- 在下班時間使用備用電話，免得你在很想和家人相聚時被硬拉回去工作。（對許多人來說，這份自由值得每年多花一筆裝設第二條線路的錢來換取。）
- 在專注時段或下班時間把電話設定為直接轉入語音信箱。
- 任務取向的電子信箱帳號可以讓你日後更易於把它轉寄給其他團隊成

員，儘管今天你或許得暫時擔下責任。範例：events@mycompany.com 或者 invoices@mycompany.com

- 在專注時段和下班時間開啟手機的「勿擾模式」（quiet hours），讓你免於受到誘人的提醒通知和訊息的干擾。

如果執行得當，你甚至可以規劃你的**環境**，讓它成為一個持續進行的篩檢器，支持你在更少時間內創造更多價值。

規劃工作環境以獲得更多專注時間

莫琳・杰德雷是資訊技術產業協會（Information Technology Industry Council）運營暨科技副總。該協會是一個致力於宣導公共政策的大型同業公會，它的成員代表了整個科技業。總的來說，他們成員的總市值高達數兆美元。莫琳剛開始學習使用方程式時，她說：「我喜歡我的工作。我可以和全球許多最聰明的政策思想家合作。但是我的工作性質意謂著我每天都會遇上好幾次必須去處理的緊急狀況。這讓我停滯不前，無法專注在那些可以為公司作出最大貢獻的更高階的戰略工作。」

在使用方程式的第一週，莫琳空出一天專注日，刻意關上辦公室門，關掉電話和電子郵件。她全心投入她騰出來的三小時專注時段，為她的組織起草一份重要的技術方案。

「但我忘了設定我的 iWatch！」她大笑著說。

莫琳不斷嘗試，直到她找到可以充分利用專注時間的安排：

「最後，我發現最有效的方式就是在專注時間離開辦公室。那裡的干擾實在太多了——書櫃上的檔案夾，牆上的提醒便條。因此我去了公司的一個公共工作區，但只帶了筆電和我處理中的一個資料夾。我發現其他人工作發出的環境噪音，加上不在辦公室，給了我極大的活力和創造力。」

輪到你了：**你的**專注時段適合在什麼樣的環境下進行？你和莫琳一樣，適合到公司的一個不同的工作區域去？或者適合一個人待在關上門和電話的辦公室裡？我發現，當我坐在辦公室沙發上，帶著我最喜歡的黃色橫線簿和最愛的鋼筆，就是我創造力最佳的時候。這時我會讓電腦進入睡眠模式，關掉手機和辦公電話鈴聲，給電子郵件設定「暫離」自動回覆功能，免得一直想去察看。這種事無所謂正不正確，只有適不適合。透過規劃一個能讓自己有最佳表現的工作環境——起碼在你每週五小時或更多的專注時間內——你將創造出以往難以想像的價值，卻不必每天工作十四小時。

這裡還有幾個小提示，能幫你建構有利於創造價值的理想工作環境：

●在一天結束時為明天的專注時段預作準備。清理辦公桌或電腦桌面上的雜項，只拿出你需要的檔案夾。或者把你的「隨身檔案夾」（go folder）準備好，到時一抓就能到你的專注工作地點去。

●選擇一個固定的「專注工作地點」。對我來說，那是個人辦公室沙發；對莫琳就是公共工作區。你在哪裡最能專心工作？當地的咖啡館？最喜歡的會議室？每週在家辦公一個上午？

或者就在你的個人辦公室，對著一張整潔的辦公桌？環境對人的思維模式和行為有著強烈暗示作用，因此，找一個只在專注工作時使用的特別地點。

●把你的電子裝置（例如手機、電腦、手錶）設定成「勿擾模式」以便投入專注時間。

●和你的團隊溝通專注時間的價值，幫助他們規劃自己的固定專注時段，討論如何互相支援，讓彼此都能擁有每週五小時或更多的不受干擾的專注時間。

●設置一個告示牌，告訴大家你何時有空，或者正投入專注時段，在辦公室門外掛個牌子，給電子郵件設定「暫離」自動回覆功能，或甚至戴上一頂「專注」帽子、耳機或圍巾，讓人們知道你需要專心工作，除非真的有無法等上幾小時的火燒眉毛的急事才能來打擾你。

莫琳描述說：

「剛開始的那週是我生產力最高的工作週之一，當時我很用心安排事情，讓自己在專注時間不受到打擾。如今我已經持續做了四週，確實很有成效。我完成了更多最高價值的工作，而且感覺更平靜了，因為我知道，無論這一週有多忙亂，我都會有五、六小時的專注時段來完成一些重要、但並非緊急的方案。這當中我最喜歡的部分其實是大石報告。這真的是我頭一次在每一週結束時，花時間用書面方式認真思考，當週我在最有價值的方案上到底完成了什麼。我喜歡把我的勝利項目列出來，因為它提醒我，自己正在進步，貢獻了更多價值。我的老闆迪恩也注意到了。他喜歡在週末收到我的大石報告，因為這讓他的工作輕鬆不少。他可以看見我的重點工作和領域，因而知道該怎麼支援我。這激發他投入更多一對一的時間來輔導我成長，而這同樣感覺很棒。」

八個開會密技

最後一個應用更好規劃的項目是開會。你和你的團隊每年花在開會的時間大概有數百小時。只要稍微思考一下如何規劃會議，你便可以讓團隊的時間和才能發揮到極致，無論是舉行小組會議、部門級會議，或者召集全公司開會。這裡有八個利用更好的會議規劃來達到事半功倍效果的最佳實務。

1. **只為了創造價值而開會**。開會的目的是創造價值，而不是玩政治，替你辯護，或只是因為「我們一向都是這麼做的」。如果會議無法創造價值，把它取消。你將立刻幫員工省下大量時間，讓他們用來做其他更有價值的工作。會議是激發點子、達成重大決策、獲得員工的充分認同，或協調工作執行的絕佳場所。只要確保你激發點子的領域，你所作的決策，或者你正在協調的方案能為你的公司創造足夠價值，讓你的會議投資產生有益的回報。

2. **進行「常態性會議檢查」**。檢討你的團隊參加的每一種常態性會議。這些定期舉行的會議還有作用嗎？能不能減少參加人數，然後在會後把筆錄發給其他不必參加的人？能不能把會議從一小時縮短成三十分鐘？或十五分鐘？能不能減少這些會議的次數？也許可以把兩個或多個會議合併舉行？盡可能減少浪費在參加這類會議上的員工時間；你的公司和員工都會感謝你的。

3. **預先規劃會議**。所有會議都必須有目的和議程。必須有人負責整場會議，規劃如何最有效地達成預期目標。理想情況下，這表示所有參加者都必須在會前收到一份書面議程，讓他們可以預作準備。最起碼，會議負責人必須投入時間讓會議發揮效果（或者把它取消）。

如果需要參加者準備特定資料或其他東西，務必在議程上清楚說明。這麼做不單是為了建立一種「政策」（在許多組織中，這點往往被忽略），也是為了讓它成為公司內的文化要素，表示我們都是這樣開會的：我們會預作規劃、擬定書面議程，而且有備而來。

4. **讓你的團隊從頭參與**。考慮像一部〇〇七鉅片那樣，以一連串動作拉開會議序幕。也許你可以在議場內四處走動，請團隊成員分享他們的戰果、心得或相關的挑戰。或者，你可以問他們一個爭議性的問題，讓每個參加者分享自己的原始想法。這樣的開場能讓參加者專注在會議上。

5. **會議的開始和結束都要強而有力**。也就是要準時開始，要求所有參加者都有備而來。最後務必以一連串明確動作和清晰的一句「會議結束」來結束會議。別讓會議死氣沉沉地結束。

6. **按照規劃舉行會議**。有議程是一回事，但完全照著進行又是另一回事。確保不管主持會議的是誰，都要能主導談話，讓所有參加者都有機會發言，並且在會議就要拐進死胡同時避開無謂的拖延。當然，有時候團隊成員的離題發言十分睿智，可以激發出看待事情的全新角度，和更好的行動方向。有經驗的領導者會懂得何時該讓大家盡情發揮創意。有時候，放棄預定的議程是明智的做法。

7. **釐清並追蹤行動項目**。召開成效卓著的會議是一回事，但想收割它的價值，就得付出行動了。會議結束前，回過頭明確釐清所有行動交付。確認誰該負責哪些任務，何時該完成，以及要如何進行完成報告，以便「結案」。這時究責戰鬥只完成一半，另一半則是持續追蹤，確保所有分派的任務完成。在默許情況下，會議召集人有責任監督所有參加者完成他們被分派的任務。當然，他或她可以把這項後續責任委派給別人，但這在默許情況下運作得很好。發送一封會議摘要郵件，列出數據點、決策和下一步行動。（人？事？時？如何結案？）。

8. **想看到哪些行為，就帶頭做榜樣。**

七週夏天假期

RC．查維斯，北加州一位成功的房地產實業家，自小窮困。放學後和週末，RC經常跟著他的移民雙親一起在加州中部炎熱、土灰色的田裡採摘農作物。長大後，他立志要出人頭地。上了大學——他在那裡認識了他的妻子達莉亞——他的求知慾促使他貪婪地閱讀各種商業書籍，尤其是房地產方面的書。

他在芝加哥州立大學期間買了他的第一筆投資房產。大學畢業後，他和達莉亞結了婚，努力擴大他們剛剛起步的房地產公司。他們果然如願了。不到十年，RC成了房產大亨，經手數百棟房屋的購置、修繕、轉售或租賃。有達莉亞家人掌控公司，嚴密看管他們的財務和契約，可說業務鼎盛。他們的年利潤高達七位數，但這是要付出代價的：RC**老是**在工作。

典型的一天是他從早上八點在辦公室一直忙到晚上七點，然後是達莉亞口中的「那些電話」。電話是完成工作的有力工具，但對達莉亞來說，它已經成了丈夫不停工作的象徵。在晚上和週末，總有承包商來電詢問施工問題，供應商會問定價或付款問題，員工會問運營問題，而潛在客戶會帶來新的房屋買賣機會。這些電話ＲＣ都親自接聽。他被自己的能幹困住了，因為多年來，他建立了一個能夠發揮他才能的公司。一切都圍繞著他打轉——他的決策，他的方向，他的談判，他的個人成果。

一方面，達莉亞只是認命地想，人生不就這樣？其實也沒那麼糟，她自我安慰。她愛她的丈夫，而他對家庭也全心付出。這家公司給了他們倆作夢都想不到的經濟保障。問題只是ＲＣ一直在工作、工作、工作。

當ＲＣ第一次告訴達莉亞，他想加入我們的輔導計畫，讓自己可以不必工作那麼長的時間，達莉亞有些懷疑。並非她覺得這個計畫不可行，而是她懷疑她丈夫是否真有決心停止長時間工作。可是仔細一想，她了解到自己不會有什麼損失。反正ＲＣ的工作時間不可能**更長**了，於是她給了他祝福。

最初，ＲＣ和他的員工一時還無法解決公司對他的依賴，因此我們從打破他們的最大限制因素：資本——開始著手。我們作了甜蜜點分析，制定了一頁式行動計畫來解決這個問題。我們替他挪出一個專注日，確保他每週有四小時專注時間可以投入這個重大業務領域。

經過四個月，ＲＣ的努力奏效了。他發現並建立了一個更好的資金來源，讓他可以每年省下五十萬美元的直接資本，同時每週空出五小時的個人時間。他這才發現，像以前那樣每天努力經營、拓展私人投資者基礎，來為每個方案籌措資金，有多麼耗費時間。然而這個新的資金來源給了他數百萬美元的運作資金，減少了他必須積極合作的私人投資者的數量。

有了初步的成功和新回收的時間，接著我們把重點放在為公司的核心業務進行有利的調整。我們讓RC的團隊頭一次「承擔」公司的部分職務，而不再只是聽從RC的指揮。他們正式建立了他們的終極事業系統，並致力於改善許多核心系統。而這又為RC省下了一點時間。他開始每天下午五點半或六點離開辦公室，多數工作日的晚上都能回家吃晚餐。

但是「那些電話」還是會響起。晚餐時、深夜甚至週末都有。每次電話一響，就把RC從達莉亞和其他家人身邊拉回工作的世界。直到我們合作了六個月之後，RC終於感覺有必要處理電話的問題。RC回想：

「前一年，我和達莉亞決定趁著我們兩個年幼的孩子放暑假，一起去度假七週。我們玩得很開心。當然，度假期間我還是得和辦公室保持聯繫。我沒有每天在辦公室，事情比較沒那麼順利。達莉亞和我很想再去一次，但這次我不想在離開時工作。我希望能把心放在家人身上，好好陪伴他們。」

當RC表達了想和家人來一趟真正的七週暑假的目標，我們有五個月的時間準備。我們聽取了前一個夏天他離開期間所發生的所有狀況的彙報。他的「最愛」事項包括他真的離開了辦公室，還有他們的重建方案在他離開時仍然繼續進行。

他的「下次辦」事項包括找出方法，來讓他的團隊有更明確的職權，知道在他缺席期間誰該負責什麼；以及更好的究責，讓公司的收購、重建和銷售部門不至於因為他無法每天在那裡監督大家而放慢腳步。

我們列出了在他離開七週的期間，如果只排定兩次正式查核，成功指標會是如何。這麼做時，我們發現電話的問題必須加以解決，而且要盡快。多年來，RC的手機號碼已成為供應商、客戶和團隊成員尋求快速解決方案和答案的熱線。我們後退一步，規劃出更好的方法來解除這支手機的負擔，並且把各類電話導向其他團隊成員。首先，RC把所有承包商和供應商的電話重新導向他的施工經理喬。這需要一點努力，尤其是要讓這些外部合作夥伴習慣打電話給喬而不是RC。但一個月後，它生效了。接下來，RC把他在「輕鬆購屋」電視廣告中使用的免付費電話，透過公司的網路電話系統，從他的手機重新導向他的兩名收購部門人員：

「這很讓人為難，因為我們有很多最棒的交易都是從這些廣告得來的，而我又是公司的最佳談判手。每當這支電話響起，總感覺要是我不接聽，恐怕就會失去機會。但是七週假期的目標促使我努力訓練我的收購團隊。我幫他們寫台詞。我們彩排了購屋劇情。我指導他們就他們手上的案子進行交易。雖然花了點時間，但是讓他們處理這些入站潛在客戶（inbound leads），我的安心等級也提升了。」

ＲＣ必須處理的最後一類電話是來自他的許多住宅和商辦租戶。信不信由你，多年來ＲＣ真的把自己的手機號碼留給這些人，無意間訓練了他們只要房產一出現問題就給他打電話。

「我知道聽來荒唐，但我過去用過的物業管理公司根本沒處理好房產的各種緊急重大的事。記得有一次，有個商辦租戶因為水管爆裂，打電話給我的物業經理。那個經理沒有馬上接電話，讓我損失了數千美元。回想起來，當時我的解決辦法就只是把自己的手機號碼留給房客。其實我真正該做的是找物業經理，把問題給解決。」

這次ＲＣ就是這麼做的。他和他的住宅經理討論，釐清各種預期狀況，制定明確的內部控制機制，來確保所有流程能順利推動，各種緊急狀況都能快速得到因應。他訓練一名內部成員來處理商辦物業的修繕問題，並讓他的租戶有急事時打電話或發簡訊給這個人。他還制定了辦法，讓房客可以直接聯繫他的資深維修外包商，以期把損害降到最低。最後，ＲＣ成功排除了九成他以往接到的電話，同時確保這些電話轉給公司內其他能夠妥善處置的人。這對他來說是一大解放，但是對達莉亞更是意義非凡：

「沒想到有一天他會回家來陪我們，把手機放著不管，但真的發生了。現在他的工作少了很多，而且當他回到家，他是真的人在心也在。」

在RC進行七週暑假前的準備工作期間，我也指出他缺少一支領導團隊。他有一個手下負責收購，一人負責營建和更新，還有兩人負責轉售房產，但他們都得直接向他彙報。RC是中心樞紐，他們必須通過它才能彼此連結。沒有了他，他們之間很難配合。

RC是個精明的商人。當我向他指出這一點，他立即看見真相，並且和他的團隊一起規劃出誰該負責什麼，幾個主要部門主管如何直接相互合作，如何在沒有RC作為樞紐的狀況下持續緊密合作。

在他去度假的前兩個月，我召集RC的領導團隊開了一次電話會議上，問他們，在RC離開前，他們還需要他安排些什麼，好幫助他們取得成功。他的收購經理——已有了一套清晰的法拍購屋流程——表示他想弄清楚，當RC無法在場作出電匯的最終授權，公司該如何為非拍賣交易提供資金。他的營建經理則是希望有更好的流程來跟銷售團隊合作，以便在每一棟新屋進入重建流水線時，能更有戰略性地考慮要不要做哪些修繕和更新，來避免昂貴的工程變更，讓利潤最大化，大家共同擬定了一個明確的計畫來處理這些問題。

這天終於到來。RC和家人出發去進行七週的探險之旅。他們先到墨西哥的一個小地方探親。效果不錯，因為ＲＣ的手機在那裡根本派不上用場，也很難上網。算是一種善意的狠招，迫使他和他的團隊非得讓這次夏天假期不同於上一次。大約兩週後，ＲＣ與達莉亞和他們的團隊舉行了電話會議，並進行了第一次正式查核。有些小問題需要處理，但公司大體上運作順暢。又過了兩週，他們再度進行查核。所有業務正常推動。到頭來，為這次七週假期的行前準備成了公司向價值經濟轉型的最佳動力。ＲＣ和他的團隊證明，當你讓你的團隊參與，傾全公司之力投入最重要的事項，同時利用更好的規劃，你將能打造一個更強大殷實、更成功的公司。正如ＲＣ所述：

「這些年來我努力打拚，追求事業的成功，卻沒察覺那些電話對達莉亞和孩子們的影響。令我驚訝的是，一切發生得如此之快。進行這計畫不到兩年，我們公司變得前所未有地強健。我的團隊在整個過程中充分參與，而且很樂於擁有更大的自主性和影響力。我也樂得有更多時間陪伴家人。我需要的就只是一個條理分明的藍圖來引導我完成這過程。我唯一的遺憾是，我沒有早點開始。」

恭喜！你已經讀完本書的第二部，而且深入了解了五個自由加速器。在最後一章，我將和你分享三個重要的起手式，讓你可以馬上在事業生涯中應用本方程式，快速獲取具體成果。

第 10 章

展開行動

當我寫本書的最後一章，正是我的孩子們放假在家的年底。我需要安靜，因此海瑟體貼地帶著孩子們到朋友家玩，而我得到了一些非常受用的內省時間。這天，我已經得到七個擁抱、三次充實的談話，排解了兩次爭吵，而時間都還不到下午一點呢。再過四十五分鐘，我將到附近公園和家人見面，一起玩雪橇。到了晚上，等我妻子去參加她每週一次的冥想課，我和兒子們將共度我們的電影之夜。

自由方程式是如何對我的生活產生影響的？隨著我的公司規模的擴大，它讓我能大幅提升我對世人的影響力。它讓我有能力去享受具有挑戰性和饒富趣味的工作，並藉以供應家庭和公司所需。工作時，我努力創造價值，當一天結束，我選擇和家人在一起。我最感激的一點是，透過把時間和最佳人才、心力傾注在真正最重要的少數幾件事情上，我們共同創造了非凡的企業和專業成就，同時還可以享受豐富的個人生活。

在本書中，我盡力傳達一個簡單的承諾：給你一個清晰、具體的路線圖，讓你可以在不犧牲家庭、健康或生活的前提下取得成功。我也指引你藉由採納並升級到價值經濟模式來做到這點，具體方法便是把最佳時間和心力投入到能為公司帶來最高回報的少而精的領域。同時，我也和你分享了，如何透過讓團隊參與、發展業務系統、打造公司文化，來為你的組織建構更大的戰略深度。總的來說，這張升級路線圖能讓你創造更多價值，而不必夜以繼日工作。基本上，我寫本書是為了闡明更聰明地工作的操作方法。沒有空話，沒有理論，而是聰明地工作在真實商業環境中的實質技巧。

輪到你了：我再次丟下戰帖，這次要邀你參加十天挑戰。如果到時你沒發現這大幅提升了你所創造的價值——包括工作**和**家庭——那麼下次我們見面，你可以把這本書扔到我頭上，我會乖乖站著接受。但如果你和過去十年接下這挑戰的數千名企業領導人一樣，你將擁有事業生涯中極為充實、有效能的兩週。

十天挑戰

在十個工作日——兩個工作週——當中，把方程式的最基本部分應用到你的業務中。首先安排日程表，準備在下週一開始為期十天的挑戰。現在，馬上調整這兩週的時程，每週騰出一天包含一個至少兩小時專注時段的專注日。然後，每週為至少三個推動日安排一小時的專注時段。這表示你將從一整週挪出共計五小時，並且用你最有價值的工作把它填滿。你當然可以這麼做，因為它還留給你足夠時間去做那些你「非做不可」的事。

提前表明在這五小時的專注時間裡，你將排除一切外界干擾，專心完成這週的兩、三個大石——也就是你在這週實際上做得到，而且能為公司創造最大價值的事項。把你的大石清楚列出來，比如寫在辦公桌的便利貼上。弄清楚——用書面方式——這次十天挑戰中每一週的A、B級大石工作是哪些，乃是一種必要條件。進入專注時段之前，關掉電子郵件，必要的話開啟「暫離」自動回覆功能。關掉電話鈴、手機鈴聲和其他通知鈴聲，讓你能夠在這些大段的專注時間當中全神貫注處理最高價值的大石工作。如果你夠勇敢，向你的團隊解釋你是如何接受這十天挑戰，並要求他們支持。

每一天，到了下班時間，把工作結束然後回家去。陪伴家人，散散步，讀一本鼓舞人心的書，或者打電話給朋友。然後，精神奕奕地把下一個工作日經營得更有價值。

挑戰的第一週結束時，停下來問兩個問題：到目前為止哪些部分效果最好（你的「最愛」事項）？為了運作得更順暢，有哪些特定事項是我下週想要有不同做法的（「下次辦」事項）？運用第一週學到的東西，讓第二週的挑戰變得更好。

基於我自己實際運用本方程式，加上親眼看見它對數千名像你一樣的企業領導人的生活產生驚人影響，我相信你必將度過不同凡響的兩星期。就讓你使用本方程式的初步成功，推動你更深入地運用它。

從你自己開始，親自感受它的價值，看看它為你的辦公室和家庭帶來的影響，帶頭做團隊成員的榜樣。然後，趁這時候，和你的幾個重要手下分享方程式。事實上，我已為你精心設計了一個九十天計畫，讓你可以和你的核心成員分享、應用本方程式。它是自由工具包的一部分，也是我送給你的免費贈禮，對你未來成功的一點支持。你可以立即到 www.FreedomToolKit.com 取得這個快速入門程式。在這九十天當中，我將每週通過簡短的電郵來逐步引導你和你的團隊。你們每個人都要學習本書的一章，看一段短視頻，同時使用該週的一頁式行動計畫，把該章的課程應用到你的組織和團隊。接著，下一週，你要依著同樣的程序再走一遍，接著再一遍。我們不必把事情複雜化；方程式和行動指南都很簡短、容易遵循。你只要把工作週的一小部分時間花在應用你所學的東西上，來優先處理它們。這項為期九十天的計畫將幫助你在組織內部應用本方程式，收割許多受之無愧的回報。

雙門時刻

在本書的引言中，我分享了我在二〇〇一年的個人頓悟，我再也承受不了每週八十小時的工作量加在我肩上的壓力。但是過了好幾個月，我束手無策，不知該如何作出必要的改變。我很害怕，因為我的做法似乎一向很有效。公司獲利豐厚，而且不斷成長。但我已筋疲力盡了。

同年十月，我和當時的一位企業夥伴坐在科羅拉多州埃斯特斯公園的飯店會議室裡。按照過去五年的慣例，我們在新的一季開始時聚在一起開會，規劃未來九十天的事業藍圖。但這次會議不一樣。他轉頭看我，傾訴著冗長的工作時間影響了他的家庭。個人情況不同，但我們得出相同的結論：長時間工作和四處奔波的現狀不能再繼續下去。

我們的公司發展迅速，年成長率超過三成。但我們心裡很清楚，我們希望找到一條更好的前進道路，一條能讓業務繼續成長的道路，尤其是能脫離身為最高領導者和製造者的我們而獨立成長。我們都知道我們不能再這麼拚命，每個月出差兩、三週，到處主持研習會，擔任大型會議的主講人。我們正處在十字路口。我們賺的錢超乎想像得多，但我們都覺得快撐不下去了。

我相信人生偶爾會出現我稱之為「雙門時刻」的片刻。這種時候，你有兩個非常明確的選擇，你決定挑選哪一扇門，對你往後的人生將有深遠的影響。有些雙門時刻——像是擇偶、接受或拒絕某項工作——顯然是關鍵時刻。其他的雙門時刻則較少被注意，它們的重要性要到多年以後回頭看，才會浮現。對我和我的搭檔來說，這正是一個雙門時刻。我們很清楚，如果我們繼續埋頭工作，全力打拚事業，我們的公司將會繼續成長。但我們也都覺得，若想真正打造出持久而獨特的產品，並且更加享受這過程，我們就得徹底改變我們的經營方式。我們必須建立一支由其他領導人組成的領導團隊，讓他們分別負責各個職務領域。我們必須拒絕一些不錯的機會，以便傾全力追求重大的機會。我們必須嚴格縮減自己的工作時數，強迫自己不時離開公司一陣子，因為每當我們在辦公室，總忍不住想出手，把各種方案和任務攬在身上。

我們不確定的是，這種公司經營方式的根本轉變是否行得通。對我們來說，這是個雙門時刻。我們選擇了那扇驚險的門，並且明確承諾，在接下來十八個月，我們將建立一支核心領導團隊，同時對我們在公司內的個人參與設下明確界限。

向前快轉四年。我們下的賭注贏了。在這段期間，公司的規模和獲利翻了三倍，儘管我和合夥人的工時減了一半，這也是我接到那通電話的時候。

海瑟正在波士頓，到醫院探望她父親。由於我們住的是小社區，她順便利用那裡的健全醫療設施，追蹤之前的一次乳房 X 光檢查的奇怪結果。她接受了粗針切片檢查，以便仔細觀察她左側乳房的一個腫瘤，接到她的電話時我正在家裡，她邊哭邊慌亂地告訴我她得了乳癌。

我呆在那裡，腦子一片空白，努力想安撫她。我覺得很無力。我無法抱著她，無法讓她稍微好過些。我馬上訂了一班飛機，趕到波士頓陪她一起經歷一連串醫療諮詢、病理報告、第二和第三方意見，最後是三次手術。今天，我的妻子很健康，癌症也消失了。但當時我們著實被嚇壞了。

回想起來，我了解到，我和我的事業夥伴在二〇〇一年所作的，建立一個讓員工能獨立運作的公司的決定，正是讓我能在四個月當中放下一切，全力支持海瑟的主因。過去四年，我和我的事業夥伴始終遵循著我在本書中和你分享的方程式核心。當然，不像我在這裡展示的那麼精煉、簡單，但基本架構是一樣的：把你的思維模式從掌握控制權轉為創造價值；對好機會說不，讓自己有時間和心力對絕佳機會說好；每週騰出一些黃金時間來投入到你最有價值的活動；建立一支同樣這麼做的敬業領導團隊；強化你的戰略深度。

和你一樣，我在生活中有過許多雙門時刻。說真的，眼前這一刻正是你的雙門時刻。你可以選擇放下這本書，找一堆理由來告訴自己，你很喜歡書中的東西，覺得這些想法「很有意思」，但你實在太忙了，沒辦法馬上開始應用它們。當然，如果你選擇了這扇門，就等於選擇了讓你的公司、家庭和個人生活付出巨大代價。

但現在你可以選擇走進第二扇門。如果你選擇了這第二扇門，並開始將自由方程式應用在你的事業當中，你便確認了你再也不願接受一個充滿低價值雜務、每週工作七十小時的職業生涯。你再也不願讓工作佔據你生活的每個角落。反之，從**今天**起，你將重新找回一部分你的最佳時間，用來專心處理那些能真正為公司創造價值的少而精的事項。選擇了應用本方程式，一開始或許不盡完美，但隨著時間過去，你將越來越懂得找出方法來享受非凡的事業成功，同時擁有豐富充實的個人生活。

你一定做得到。我在書中分享了幾十個和你一樣的企業領導人的故事。他們都在自己公司內應用了本方程式。有點幽默感，要了解一開始你可能會犯錯，但是當你走上這條路，你距離成功也就不遠了。你這麼做是為了你生命中的摯愛。你這麼做是為了和你一起工作的人，也是你希望同樣享有豐富生活的人。你這麼做是為了你自己。

和多數人一樣，我的人生有不少遺憾。我後悔一九九四年沒有質疑對於我臀部腫瘤的誤診，以致沒能參加奧運會，我後悔多年來沒有好好把握幾段特殊的友誼。但我從未後悔將自由方程式應用到我的公司和生活。這個方程式讓我有時間在孩子渴望和「爹爹」在一起的幼小階段陪伴著他們。我知道機會稍縱即逝。孩子會長大。但在我生命中的這第二扇門的決定中，我沒有一絲後悔，我知道我作了正確的選擇。

總有一天，當你回想這一刻，以及你選擇的那扇門，你會對自己說：「真高興我作了明智的選擇……」或者你會說：「真希望當初我有勇氣選擇另一扇門……」

你會選擇哪一扇門呢？

致謝

《聰明工作，讓你更自由》旨在幫助你把最佳時間、人才和心力傾注在一些能發揮最大影響力的少而精事項、活動和領域。本書的誕生要歸功於多組人馬的才華洋溢、充滿活力創意及全心投入。

首先要感謝 BenBella 出版團隊。你們使這本書生色不少，與你們合作非常愉快。我要特別感謝編輯 Laurel 和 Leah，他們幫助我構成、刪節、釐清和潤色。你們都是我書中主角。同時也要感謝 BenBella 出版的製作和行銷團隊；每次互動都讓我益發感受到各位的卓越。Glenn，你將這支團隊帶領得太出色了。

接著，我要感謝本書提到的所有企業領導人。謝謝你們分享自己的故事，知道這些經歷將會觸動許許多多人。你們都是傑出的企業人士，與你們共事讓我受惠良多。

感謝我的 茂宜企畫顧問公司的客戶。謝謝你們！你們鼓舞我、挑戰我、激勵我成長。你們教我的遠遠超過我能和你們分享的。你們當中有許多人已和我成了知交，很慶幸我的人生有你們。感謝你們協助我打破世人「因循舊例」的經營觀念。

我想特別感謝 Inc.com 網站的眾編輯給了我一個可以和全球數百萬讀者分享我的構想的平台。

衷心感謝我的茂宜企畫顧問公司團隊。謝謝你們。你們對企業輔導客戶的全力支持讓世界真的有了改變。感謝我們的領導團隊 Theresa、Larry、Steve 和 Kim，將公司經營得如此成功。感謝由 Patty、Doug、Phil、Jennifer、Carrie、Ralph、Kevin、Jeff、Stephanie、Alan、Kiran、Gene（已故）、Bill 和 Steve 所組成的教練及顧問團隊，謝謝各位和客戶們分享自身的深刻見解與領導力。還要感謝我們的幕後團隊：Marilyn、Oscar、Maggie、Michelle、Cyndi、Elena 和 Candice、Katie、Diamond、Chris、Mike。特別感謝 Tiffany 和 Emily 優雅嫻熟地管理著我的事業和個人生活，沒有妳們的幹練和支持，這一切將無法完成。

我想向我的公司團隊大喊一聲——感謝你們激勵我成長、品味成就。

最後要感謝我的家人。爸，我很珍惜我們一起漫步和親密交談。媽，謝謝妳為了養育我們所作的犧牲。Alex、Laurie 和 Stacey——我愛你們。Gerry 奶奶，妳是我生命中的貴人，我對妳滿懷感激。Morrey 爺爺，我想你。真希望你能見到你的其他曾孫子女。馬修、亞當和喬許，我為你們每個人感到驕傲，看著你們成長讓我讚嘆歡喜。還有我的知己、人生伴侶海瑟，謝謝妳和我分享一切。永遠愛妳。

國家圖書館出版品預行編目資料

聽明工作，讓你更自由/ 大衛・芬克爾 著；王瑞徽譯 . -- 初版. -- 台北市：平安文化, 2021.6

面；公分.-- (平安叢書；第684種)(邁向成功；83)
譯自：The Freedom Formula

ISBN 978-986-5596-16-3 (平裝)

494.35 110007306

平安叢書第0684種

邁向成功 83

聰明工作，讓你更自由

The Freedom Formula

作　　者—大衛・芬克爾
譯　　者—王瑞徽
發 行 人—平　雲
出版發行—平安文化有限公司
台北市敦化北路120巷50號
電話◎02-27168888
郵撥帳號◎18420815號
皇冠出版社(香港)有限公司
香港銅鑼灣道180號百樂商業中心
19字樓1903室
電話◎2529-1778　傳真◎2527-0904
總 編 輯—龔槵甄
責任編輯—平　靜
美術設計—江孟達、李偉涵
著作完成日期—2019年
初版一刷日期—2021年06月

法律顧問—王惠光律師

讀者服務傳真專線◎02-27150507
電腦編號◎368083
ISBN◎978-986-5596-16-3
Printed in Taiwan
本書定價◎新台幣380元/港幣127元